U0805132

房建工程施工与质量控制

马岁锋　温和民　孙　乾　主编

吉林科学技术出版社

图书在版编目（CIP）数据

房建工程施工与质量控制 / 马岁锋，温和民，孙乾主编. -- 长春 : 吉林科学技术出版社，2020.9

ISBN 978-7-5578-7513-8

Ⅰ. ①房… Ⅱ. ①马… ②温… ③孙… Ⅲ. ①房屋—建筑施工—质量控制 Ⅳ. ①TU712.3

中国版本图书馆 CIP 数据核字（2020）第 175390 号

房建工程施工与质量控制

FANGJIAN GONGCHENG SHIGONG YU ZHILIANG KONGZHI

主　　编 马岁锋　温和民　孙　乾
出 版 人 宛　霞
责任编辑 朱　萌
封面设计 李　宝
制　　版 张　凤
幅面尺寸 185mm×260mm
开　　本 16
字　　数 230 千字
字　　数 164
印　　张 10.25
版　　次 2020 年 9 月第 1 版
印　　次 2020 年 9 月第 1 次印刷

出　　版 吉林科学技术出版社
发　　行 吉林科学技术出版社
地　　址 长春市福祉大路 5788 号
邮　　编 130118
发行部电话／传真 0431—81629529　81629530　81629531
81629532　81629533　81629534
储运部电话 0431—86059116
编辑部电话 0431—81629520
印　　刷 北京宝莲鸿图科技有限公司

书　　号 ISBN 978-7-5578-7513-8
定　　价 68.00 元

版权所有　翻印必究　举报电话：0431—81629508

前 言

中国产业经济经历了突飞猛进的发展，中国建筑业经历了一个高速发展期，“一带一路”战略的实施也为建筑行业带来了新的机遇，再加上国家产业政策支持，建筑业整体保持稳定增长趋势。房屋建筑是人们生活、生产、工作的重要场所，因而施工质量受到了广泛的关注，人们对房屋及建筑质量提出了更高的要求，房建工程质量是房建工程最基本的保障，我国在房建施工质量方面存在一些问题，使得房建施工质量风险较大，必须从本质上重视实建筑工程施工质量控制，加以重点贯彻与落实，以达到工程施工质量的标准。本书从我国房建工程施工质量的现状入手，介绍了房建工程施工质量的特点，发现其存在的问题，并提出相应的建议进行优化，采用具体措施加强施工质量控制，最大限度的减少安全隐患，希望能够为相关工作提供一些参考。

加强施工单位的质量保证体系，是整个工程质量控制工作的重要环节，作为一个施工单位，首先保证自身的质量，才能保证建筑房屋质量的控制实施。所以，制作一个质量保证体系，让其在施工过程中有效的运行是关键。首先，要求施工单位要做到任务承接，和施工前的准备工作，接着就是材料的采购，施工过程中的再生产以及建筑所需产品的检验等，制作一个完善了质量保证体系，使之有效控制运作。其次施工单位要接受其他监管部门的监管，按照有关的工程法律、法规规定，对工程施工的质量负责。

房屋建筑工程施工中，对其质量的有效控制和研究方法众多，一定要对其环节加以分析、控制、改进；对该项目各阶段的事前、事中、事后进行控制；针对该项目实际情况，制定了详细的质量预控措施和对策，通过对该项目各个组成因素即人、机、料、环、法的研究来管理和控制施工质量，使整个工程取得了良好的成效，极大地提高了该项目投资的经济效益和社会效益，保证了项目各项指标地实现，验证了全面质量管理模式对工程质量控制所起到得良好效果。使工程真正达到了施工速度快、工程质量好。科技是第一生产国，体现在工程建设活动的全过程。技术进步的作用，最终体现在产品质量上。为了工程质量，应重视新技术、新工艺的先进性、适用性。在工程建设的全过程，要建立符合技术要求的工艺流程，质量标准、建立严格的考核制度，不断地改进和提高施工技术和工艺水平，确保工程质量。

目 录

第一章　房建工程施工与质量控制导论

第一节　房建工程施工技术相关问题

房屋建筑工程施工技术的提高，对于房屋质量的改善起到了重要作用，当今建筑业迅速发展，技术的应用已经对建筑业的发展起到了重要的支撑作用，本节主要就房屋建筑工程施工技术的相关问题进行了分析，以供大家参考借鉴。

随着我国经济迅猛发展，城市化不断推进。我国的建筑行业也得到突飞猛进的发展，而房屋建筑施工技术是建筑中一个非常重要的环节。房屋建筑施工技术不仅仅关系着人们的工作和生活安全，更直接影响到社会的稳定。研究房屋建筑施工技术对社会有着重要的意义。

一、房屋建筑工程的施工技术

房建工程桩基技术。随着我国房建事业的不断发展，桩基技术也得到了提升。桩基技术不仅适用广泛的土层，能够承受较大的重力，而且对外部环境的要求也比较低。近年来广泛应用的混凝土灌注桩是在桩基技术中研究出来的新型技术。施工人员利用一定的压力通过预埋的注浆管在灌注桩成桩后将水泥浆压入桩底和桩侧，来对桩底和桩侧的泥皮、桩底部沉渣和桩身进行加筋、胶结和固化。这种技术应用到实际施工过程后，不仅可减小桩的体积，还可降低施工成本。

混凝土工程施工技术。混凝土工程是整个工程质量的关键，也是国家建筑水平的体现，在混凝土工程中，最重要的就是搅拌和运输。对于搅拌来说，选取原材料一定要注意材料的质量，搅拌一定要均匀，不能出现沙石和泥浆分开的情况，按照搅拌顺序来说，根据原材料投放入搅拌机的顺序不同，一般的投放顺序为一次投料法、二次投料发、两次加水法三种投放方式。运输方面同样需要多加注意，在混凝土从搅拌设备到浇筑的过程中根据温度的不同所以时间也是不同的，最低不能低于 1 h，最多不能超过 2 h，因此我国的建筑行业在运输时采用了泵送的方法，随着建筑行业的发展，泵送的技术也越来越完善。

二、房屋建筑工程施工技术常见问题

施工造成的环境污染问题。环境污染一直是我国房屋建筑施工中非常严重的问题，包括一些大型机械操作给周边居民带来的噪音污染，泥浆等建筑材料带来的固体灰尘污染，这些问题都影响了居民的正常学习、生活和工作。

房屋建筑施工中的安全问题。近些年来，新闻报道的“豆腐渣”工程问题屡见不鲜，房屋建筑施工的安全问题已经引起了社会的广泛关注。究其原因，主要是一些施工单位不按照相关操作规范施工，施工人员的安全意识不强。还有一些施工单位为了降低成本采用劣质不合格的建筑材料。

施工中的材料问题。施工材料对房屋的质量紧密相关，如混凝土和钢筋。混凝土是房屋建设中非常关键的因素，它的质量和适用方式直接影响着整个建筑的功能性保障和安全系数，可以说是施工管理环节的首要目标。虽然目前国家和业内已经有了一些标准，但现实中混凝土引起的房屋质量问题仍屡见不鲜。如搅拌站混凝土的运送因为距离较远等影响到质量。在对振捣的间距进行控制，一定要保障表面出浆。由于市场竞争十分激烈，在建筑市场上经常混杂有不合格的建筑材料，其中钢筋就是一个非常严重的问题。钢筋是建筑的骨骼，直接影响着房屋建筑的质量。有些钢筋的生产厂家生产条件有限，或为了节约成本，钢筋的强度不能达到要求。这就会产生非常严重的安全隐患。

房屋建筑施工过程中的管理方法问题。管理方法的科学和实施直接影响着整个施工进程的安全和质量。进行管理时不能仅仅注重技术层面的管理，还要关注经济管理和组织管理。这些环节都是紧密联系在一起的，要各个环节紧密配合才能保证工程的顺利施工。

三、房屋建筑工程中问题的处理措施

技术上的一些解决措施。建设单位、监理单位和施工单位应该对所需要的施工设施和建筑材料严格把关，不可压低工程造价，不可以偷工减料，监督单位要有责任心，多任用真正懂施工技术的专业人才，并且能够给予施工人员技术指导。因此，管理者的态度决定建筑施工的整体方向。施工单位还要明确房屋建筑施工的方法，这样就能够解决施工过程中的一些实际问题，合理应用房屋建筑施工技术，从而使建筑行业适应经济发展形势，得到快速发展。此外在施工过程中还应该根据施工条件进行合理的施工方案。

对房屋建筑施工技术的管理。房屋施工技术主要包括：混凝土防裂施工技术、房屋防渗技术、房屋的节能技术。施工中混凝土裂缝的原因有很多，混凝土材料的质量差、模板变形不均衡、混凝土结构比较混乱、气温的突然降低也会引起较大的拉应力，到一定程度就会导致裂缝的产生。其中，由于施工过程中墙体出现裂缝，以及房屋的外墙与梁柱间的裂缝，这就要求施工单位做好房屋防渗技术，避免因房体裂缝，增加重新修护的难度。最后，在房屋的节能技术方面，在房屋建设过程尽可能的节能可以很好地降低成本，节约人力和物力的成本。

房屋建筑施工技术的创新。房屋建筑施工中也可以采取一些创新措施，从而更有利于房屋建筑施工的进行。

内容。首先，在施工的技术上可以创新，现在行业技术发展很快，施工单位要及时了解行业动态，更新技术，从而适应生产力的发展。再者在管理方面，施工技术、观念和组织结构等方面进行创新。特别是观念上的创新，施工单位要依据自身的情况找到符合自己的管理模式。

施工单位与施工各部门之间的关系和建筑行业创新思路。在房屋建筑施工的阶段，各施工单位和部门之间是相互联系的，他们之间需要的是沟通。同时，针对出现的问题提出解决的办法，这其中就需要不断地总结，在总结中开始走创新之路。

总之，建筑工程质量的好坏直接关系建筑工程的耐久性和实用性，更关系到广大民众的生命财产安全。因此，我们必须深刻认识工程质量的重要性，加大对质量控制工作的资金投入，努力把我们建造的每一项工程都做成经得起时间考验的精品，为社会创造高品质的建筑工程。

第二节　房建工程测量放线控制

随着科学技术不断地发展，房建工程测量技术已经取得了很大的发展。各种新的测量技术、测量仪器不断被应用于房建工程测量的过程中，对于我国房建工程测量起到了积极的促进作用，也提高了施工质量和施工效率。本节在此基础上就房建工程测量放线控制的相关问题做了一定探讨。

工程测量放线的精度问题直接影响工程质量和施工效率问题，但是很多因素都会影响最终放线的精度，如何做到测量放线精准无误是房建工程需要解决地重要问题，因此，研究房建工程测量放线控制就显得至关重要了。在实际开展放线控制过程中，最重要的过程就是需要选择合适的控制网，针对不同的施工项目选择合适的测量技术、测量仪器，从而最大程度保障放线的准确度，同时实现快速准确的测量，最终提高工程施工效率和质量。

一、工程测量定位放线控制要点

工程测量定位技术主要使用直线定位和曲线定位技术，做好定位技术是保障放线控制的关键。相对于曲线定位技术，直线定位技术定位原理更加简单，操作技术方便快捷，在房建工程测量技术得到了广泛的应用，在具体的实施过程中，经纬仪需要放在平稳区域，这样能够更好保障定位的精度，这样为放线控制打下了坚实的基础。测距仪也是房建工程测量中重要的测量仪器，主要是用来做直线定位及距离测量。但是在开展工程项目中，测量项目不可能都是直线，存在着很多曲线，这样就需要将弧、圆线和直线测量技术和放线技术有机结合起来，同时需要建立一个二维坐标，通过 XY 轴来完成最终的定位控制。

在工程测量定位放线过程中，测量结果需要在短时间内完成，这样就需要测绘人员在放线过程中必须进行合理地自检，需要对于主要轴线点的放线进行复核，进行复核的技术方法很多，常见的技术可以利用三角形的和、两组坐标的校验、三面距离的测量方法等。但是在主轴点的测量过程中不能够使用两点夹角的交点法来进行测量。在项目定位好项目的等位点后，可以用定点和固定角度相交的测量方法来作为第三方的校准方法，通过观察三组方向的变化情况来判断放线的精度和准确度。为了进一步提高放线的精度，在实际开展工作环节可以通过对于四组坐标的观察，作为检查条件，然后在不动点释放后进行测量，比较不动点与设计图理论值之间的距离，从而判断放线精度是否满足所需要的精度问题。

二、RTK 技术在房建工程测量中的作用

（一）RTK 技术优点

1. 很多 RTK 技术（例如 RTK 技术）可以实施多地点数据采集和监控，不需要各个监测点进行信息交互，这样就促进 RTK 开展工作的方便性和快捷性，提高了检测效率，同时减少了企业的运营成本。同时 RTK 技术不受复杂环境的影响，在很多条件下都能有效地开展工作，这样测绘人员就能全天候执行观测任务，从而提高了工作效率。

2. 土地信息管理信息越来越朝着智能化、自动化的方向发展。现在很多工作都是自助完成的，并不需要人的参与。比如可以利用 RTK 接收机，能够自动完成数据的采集，同时依托于自动控制系统，自主完成信息的采集、传输数据处理，同时可以设置异常报警等功能，这样就可以最大程度提高工作效率，同时减少企业的运营成本。

3. 遥感技术、RTK 技术处理土地信息数据拥有着很高的精度以及很高的速度，能够最大程度减小系统带来的误差，从而保障了采集数据的可靠性。这是由于遥感技术精度高、速度快的优点得到土地行业的广泛认可，迅速在检测行业得到了广泛的应用。

（二）RTK 技术存在的缺点

虽然 RTK 技术存在着很多技术优势，但是不可否认在具体工作是还是存在着很多问题，这些问题的解决有利于 RTK 技术进一步发展，具体问题主要有以下几点：

1. 点位选择的自由度较低。在实际开展测量工作的过程中，如果通过 RTK 技术进行土地信息采集时，为了确保得到数据的科学性和准确性，技术人员必须要遵守一定的操作规范，在很多环境下不能有障碍物的干扰。同时在测量点选择上，也要确保这个位置没有强电磁波的区域。因此，在利用 RTK 技术进行土地资源信息数据的收集过程中，需要技

术人员有一定的工作经验，在选择测量点上要做到科学合理，这样就使测量点的选择自由度降低，这样就降低了工作效率。

2. 测量条件差。实际利用遥感技术开展房建工程测量的过程中，很多时候观测的视野十分狭窄，这样就很容易导致多径误差的出现，这样就严重影响了数据的可靠性。例如，在利用遥感技术开展大坝等各种大型项目的监测过程，由于大坝旁边一般是山脉或者是山地，其自身的自然地理环境及植被的差异性会导致对流层延迟改正精度受到不同程度的影响。

三、加强房建工程测量放线控制的几点建议

做好复核工作。工程测量在开展完工程放线技术之后还需要进行复核工作，保证最终工作的合理性和科学性。具体复核过程，需要结合实际施工设计图纸，对定点放线环节进行复核和校准，主要是对于实际定点距离尺寸进行了校核，判断是否满足相应的设计要求和标准。设计图中的坐标数据主要用于校核，确保放线位置、尺寸和符号与设计施工图纸相匹配。对于十分复杂的施工项目，在开展复核工作过程中，需要实际测量平行平面的不动点，且需要检查他们的对称性是否满足相应的标准。根据设计图纸中不动点释放情况，对于设计图纸上的参数进行进一步的检查和复核，判断是否符合相应的标准，从而在施工过程中更好控制放线和定位的精度，最终实现保障施工的质量和效率。另外在复核环节时，还需要检测建筑物转角坐标参数，判断该参数是否满足实际的精度。如果发现存在不一致的情况，需要及时进行修改和更正，以免带来不必要的麻烦和误差。为了进一步缩小误差，需要对于一个数据进行多次测量，减少人为误差，提高数据的准确性和科学性。

做好设计工作。科学合理的设计是保障房建工程测量放线质量的关键因素，施工企业需要充分整合人力资源优势，以最小的人员成本来最大程度提高放线控制质量。在开展设计的工作中，需要从宏观的角度出发，充分考虑到材料、管理、施工以及实际施工环境的影响来开展合理的设计，在加强设计的过程中需要做到以下几点：①在开展项目的设计过程中最重要的是要考察项目的施工环境、地形以及项目的设计指标，根据项目的实际需求来开展设计工作，设计的最重要、最核心的要求是设计结构的安全性以及合理性，只有满足这两条标准才更好开展后续的设计工作。②在设计环节，需要保障设计图纸的规范性和统一性，这样能够保障施工正常的开展，也能够保障施工人员能够按照施工图纸的要求进行施工，从而保障施工的正常开展。③在建筑项目设计过程中，需要加强各个部门的合作和沟通，结合多方的需求来开展设计工作，往往仅仅依靠设计人员的经验在设计过程中很难考虑到材料、施工环境、成本、人员等因素的影响，这就需要各个部门之间进行合作，在保障设计安全性和经济性的前提下，提高设计的经济性和实用性。④在设计完成之后，需要注意图纸的会审与交底工作，这样能够做到科学合理的分工，明确施工各个部门之间的职责，尤其是一些合作施工的项目，从而保障施工项目地正常开展。

综上所述，房建工程测量过程中需要选择合适的测量放线技术手段，只有这样才能控制好精度，从而满足工程建设的需要，更好提高施工效率和施工质量问题。

第三节　房建工程施工的注意事项

随着城市化建设进程的日益加快，使得建筑行业得到了有效的进步和发展，随之房建工程的数量也变得日益增多，对房建工程施工提出了更高要求标准。要想使房建工程施工质量得以有效提高，并且能够有效地满足人们的实际需求，那么在实际施工过程中，则必须要注重先进施工技术的有效应用。因此，针对房建工程施工的注意事项与管理对策进行了详细分析与探讨，仅供参考。

从目前来房建工程企业和施工单位现状中来看，在实际工程管理开展过程中都是主要以项目管理方式为主。对于这种管理方法来说，虽然能够发挥着一定的重要积极促进作用，但是与一些先进房建工程企业相比，在管理质量和水平方面还相对较低。再加上施工管理人员管理意识的薄弱，缺少对施工质量管理工作的重视程度，所以在实际工程管理过程中很容易导致多种施工问题的出现。这不仅会严重阻碍到房建工程施工的顺利开展，同时对于房建工程施工质量和水平的提高也有着严重不利影响。所以在这种情况下，作为施工管理人员必须要及时采取相关合理有效的措施来做好各施工环节管理工作。

一、房建工程施工的注意事项分析

施工技术方面的注意事项。就目前来看，大多数施工单位在进行房建工程施工开展过程中，所选择的施工材料都主要以混凝土为主。如果其混凝土质量不合格，无法满足具体施工的标准要求，那么则会对整体工程施工质量造成严重的不利影响。在房建工程施工中通常使用的都是现浇混凝土。对于现浇混凝土来说，由于其水分流失的速度较快，所以作为施工管理人员必须要结合施工的具体实际情况，有针对性和目的性的来开展混凝土洒水作业，但需要注意的是，在洒水作业过程中其现浇混凝土的内部温度要确保控制在 20℃范围之内。在对厨房和卫生间开展施工作业时，作为施工设计人员既要充分考虑到整体设计的防水性能，同时还要做好各施工环节的质量控制工作。与此同时，在进行施工开展过程中，作为施工人员还要做好施工材料的合理配制工作，以此来保证施工材料的质量和强度，从而能够更好地满足建筑工程施工的实际需求。除此之外，在对房屋墙体进行施工时，作为施工人员还应该做好墙面裂缝和凹面的填补工作，从而在一定程度上能够为房屋墙体的稳定性和平整性提供重要保障。

施工质量方面的注意事项。施工管理人员作为房建工程施工中重要组成部分，其综合能力素质的高低一定程度上能够直接影响到工程施工的顺利开展和整体工程质量。但是就目前来看,大部分房建工程企业中的施工管理人员在能力素质和管理水平方面都相对较低,并且严重缺少工程管理控制意识,在实际工程施工管理过程中也未能严格依照具体规范要求来开展管理作业,同时在施工材料管理方面也做得不到位,使得一些质量不合格的材料在实际工程施工中出现并被应用,在这种情况下,很容易导致施工质量问题的出现。除此之外,目前有很多房建工程施工单位都缺少完善的施工质量管理制度体系,虽然有的施工单位能够具备完善的管理制度体系,但是没有将其贯穿落实到实际施工作业当中,凸显得过于形式化,所以这就很难对施工管理人员的操作行为进行有效规范和管理。

二、房建工程施工管理的有效对策分析

做好施工材料的质量管理工作。要想有效提高房建工程质量和施工管理的有效性,作为施工管理人员首先必须要做施工材料质量管理工作。施工材料作为房建工程施工中重要组成部分,在一定程度上能够直接影响到整体工程施工质量的高低,所以在施工开展之前必须要对施工材料质量进行严格检查,使得所选择的施工材料质量能够更好地满足实际施工需求。在对施工材料进行选择和采购时,需要安排专门的采购人员,采用货比三家的方式来对材料的质量、规格以及价格等方面进行相互对比和分析,从而能够选择出各方面都较为优质的施工材料。所选择的材料供应商必须要具有齐全的相关合格证书。与此同时,作为施工材料采购人员还要充分结合施工的具体实际情况,有针对性和目的性的选择合理的施工材料,从而确保施工材料的作用价值能够在实际房建工程施工中得以最大程度的体现和发挥,促进施工材料利用率的有效提高。除此之外,作为施工管理人员还要加强管理方法的改进和创新,以此来进一步提高整体房建工程管理质量和水平。

加强施工人员专业素质的提高。众所周知,施工人员作为工程施工顺利开展的重要基础和前提,所以作为房建工程施工单位必须要加强施工人员专业素质的提升。在日常施工过程中,可以多组织一些有关施工作业方面的专业学习和培训活动的开展,并要求每一位施工人员都要自主积极地参与到活动当中,或者也可以开展交流学习活动,从而可以有效提高施工人员的专业知识和施工技术水平,从而将先进的施工技术能够在实际房建工程施工中得以更好地灵活运用。另外,通过专业学习和培训活动的开展,还可以有效提高施工管理人员的管理质量和水平。此外,作为房建工程施工单位还要加强施工人员质量控制意识的提高。

综上所述,由此可见房建工程具有一定的复杂性和系统性,在实际施工过程中必须要注意好各种事项,做好施工材料的质量管理工作,加强施工人员综合素质的提升,以此来确保整体施工质量和工程管理水平,为我国房建事业的健康稳定发展奠定重要基础。

第四节 房建工程质量监督的重要性

随着人们生活水平的逐渐提升，对于生活居住环境的质量要求也逐渐提升，在这种情况下，就必须要确保建筑工程项目的质量和性能，以更好地满足人们的生活需求。在这一背景下，做好房建工程的质量监督工作十分关键。本节就针对房建工程质量监督的重要性进行分析，并指出具体的质量监督对策。

一、房建工程质量监督的重要性分析

在房建工程项目的施工建设过程中进行质量监督工作，能够及时地发现施工中潜在的质量隐患，并采取有效的对策解决这些质量问题，从而有效提升项目工程的整体质量。具体来讲，做好房建工程质量监督工作的重要性主要体现在以下几个方面：

第一，做好房建工程质量监督工作，能够从根本上确保工程项目的质量性能。对于房建工程项目来讲，质量是整个工程项目的核心和灵魂，建设单位施工质量的好坏将会影响到其工程是否符合规范要求、是否满足客户的发展需要等。因此，重视质量管理工作，并采取有效的对策做好质量监督管理，是提升项目整体质量的关键。

第二，能够最大限度地满足居住者的需求。随着人们生活水平的提升，对生活质量的要求越来越高，因此房建工程的施工建设中一定要在确保质量的基础上满足居住者的要求。做好质量监督管理工作，能够保证整个建设工程的施工质量，并保证施工工作在符合施工制度的基础上有序开展，监督人员按照监督规范执行，提升施工作业水平，保证工程的顺利施工与交付，满足各方的需求。

二、房建工程质量监督的对策研究

上文中从两个简单的方面分析了房建工程质量监督工作的重要性，为了更好地提升项目质量，质量监督人员需要在充分认识工作重要性的基础上采取有效的监督对策。

第一，将质量监督工作贯穿于项目建设的始终。对于房建工程项目的质量监督工作不仅要在施工中开展，而且要将这一工作贯穿到项目建设的始终，才能够从根本上遏制质量隐患的存在。为此，质量监督人员需要开展全过程的质量监督工作。

要严格地遵照《建筑法》《建设工程质量管理条例》等相关规定开展质量监督工作，确保工作的开展有法律和制度的保障。在进行具体监督的时候，需要对项目招投标阶段的文件资料进行监督，并保证这一环节在公平公正和公开的环境下进行，能够为项目建设选择优秀的建设团队。

在设计阶段，质量监督人员需要和设计人员进行沟通和交流，要保证设计方案和实际施工需要相吻合，确保设计方案的科学性和可行性，这对于提升项目的质量有很大的帮助。在施工过程中，质量监督人员要深入现场，对各个施工环节加强质量监督。要依法对进入施工现场的材料产品进行质量监督检验，对于涉及工程质量的标准规范，一定要确保百分百执行，不能给后期的施工建设埋下任何的质量隐患。同时，质量监督人员必须要对参与项目全过程的相关单位的资质进行严格审查，并执行市场准入机制，对于资质达不到要求的施工单位，不能发放建筑许可证，有效地维护好施工现场的秩序。

在施工过程中强化质量监督，需要严格地推动质量认证制度，国家质量监督机构对建筑设计、施工、监理以及建筑材料生产企业的产品质量进行检验及检查，合格之后才能够颁发相应的质量证书，有证书的产品才能进入施工现场。当前，在房建工程项目施工建设中，设计单位、施工单位和监理单位存在着分包、非法转包的现象，严重影响到施工质量的提升，也会在施工环节埋下较大的安全隐患，对于这一问题，质量监督人员必须要重点查处。同时，在进行质量监督时，要严格遵守质量控制原则，坚持质量第一，将质量作为项目建设的生命线，质量监督工作中必须要充分发挥监督人员的积极作用，减少人为的失误。监督人员一定要深入到施工现场，对于隐蔽性工程和重点工程项目要做好质量监督工作。

第二，提升质量监督人员的综合水平、增强监督意识。在房建工程项目施工建设的过程中，为了更好地提升项目质量，监督工作要有序开展，并通过各种激励措施激发监督人员的工作积极性，提升他们的综合水平，发挥他们的能动作用。因此，要定期组织培训学习，帮助质量监督人员提升自身的专业水平，掌握现代质量监督技术。同时可以聘请专业的质量监督人员进行讲座，指导工作。

要重点提升质量监督人员的质量控制意识，使其将这一工作放在重要的位置，推动质量监督的有序开展。因为房建工程结构复杂，在施工中经常会发生工期紧张、施工强度高等问题，施工人员难免会忽略质量，这就要求质量监督人员要具有较强的监督意识，保证房建施工中各环节质量的达标。

第三，完善质量监督部门结构，建立健全完善的质量监督机制。在房建工程施工建设的过程中，要做好质量监督工作，需要逐步地完善监督部门结构，实现多部门配合监督，确保项目施工建设中质量的提升。在这个过程中，要充分地发挥建筑师的作用，明确房建施工中质量监督以及其他控制责任，让他们能够更好地负责整个工程项目的技术管理工作，并指挥监理开展相应工作，共同推动质量的提升。要全面贯彻落实房建工程质量监督控制和验收交接工作，并设立相应的监督小组，完善监督机制。

建立健全的质量监督机制，具体来讲，要完善责任机制，明确质量监督管理人员的具体责任，这样在出现问题的时候能够第一时间找到责任人查明事件原因，找到合理的方式解决。要明确各级质量监督机构的质量责任，如果发生质量事故，需要追究各责任方的问题。同时，要建立起动态监督机制，质量监督人员要和施工人员一起工作，及时发现施工中存在的任何质量隐患，不能够存在工作懈怠问题。要构建质量监督资料共享平台，让每个人都能够及时地掌握项目施工建设中的各种质量问题，要借助现代技术措施实现对质量监督管理信息的精准分析和评价，为后续的施工建设提供科学的资料数据。通过健全的奖惩机制提升质量监督人员的工作积极性，发挥其能动作用，使其能够更好地投入到工作当中，提升质量监督的质量和效率，保障项目整体质量的提升。

第四，做好材料设备等的质量监督工作。在房建项目施工建设中，材料以及设备的质量对于项目整体质量的影响力较大，因此，必须要注重对材料和设备的质量监督工作。要严把材料设备采购关，材料及设备采购人员需要货比三家，选择质量最优的材料设备应用到施工建设当中，必须要确保所采购的材料设备有合格证明等相关资料。对于进场的材料一定要进行抽查，符合质量标准和施工要求才能够进入到现场，对于不合格产品要严禁进入。房建工程当中采用的钢筋、水泥等材料，在进场之后一定要选择恰当的地方进行堆放，不能够破坏其使用性能。在进行混凝土等配比的时候，要严格地控制好各种添加剂的比例，控制好混凝土搅拌时间，并严格控制好施工的温度，为避免混凝土出现裂缝等质量缺陷，还需要做好后期的养护工作，质量监督人员需要从头到尾进行监督。对设备进行质量监督时，需要定期对设备进行检修，并做好养护工作，及时发现设备中存在的问题并解决，发挥施工设备的作用，提升项目的施工质量。

房建工程项目的施工建设规模逐渐扩大，在这个过程中一定要做好质量监督管理工作，及时发现项目建设全过程中存在的各种安全隐患，及时采取措施解决。本节结合工作实际，对房建工程质量监督的重要性进行了分析，并指出在今后质量监督工作中的具体对策，希望通过本节的论述，在今后的质量监督工作中能够有效提升质量监督水平，保证工程项目质量的整体提升，最大限度地满足使用者的需求。

第五节　房建工程施工质量控制要点

因为近年来国内经济实现了快速发展，居民对物质生活整体需求不断增大，特别是对住房的质量以及品质。因此，房建工程就成为民生工程当中一个关键部分。其安全性更是头等大事，进行房建施工期间，核心工作就是对工程质量加以保证。只有在整个房建项目施工过程中贯穿施工质量控制管理工作，才可以真正保证房建项目的施工质量，从而确保人们的生命财产安全。本节首先讨论分析了中国房建施工质量管理的现状，提出提升房建项目施工质量管理的方法。

房建项目施工周期通常都相对长、投资相对大、露天作业量大，其中牵涉的工序很多，各专业穿插、交叉作业的状况导致施工困难。除此以外，项目施工的管理制度建设问题也是直接关系到房建项目质量控制的原因之一。所以，我们一定要应用现代管理的思想与方法，依照国际质量保证系统规范建设公司自己的质量管理系统，并保持有效运行，才可以确保项目质量水平的持续提高，才可以在市场激烈竞争中立于不败之地。

一、房建工程中施工质量方面管理及控制的重要性

伴随建筑行业蓬勃发展，施工质量有关问题逐渐出现，不少施工企业为对经济效益进行高效追求，缩短工期，更有甚者偷工减料，这对房建工程整体质量造成了严重影响。而且，施工期间，很少有施工企业会对质量管控这一工作进行重视，致使不少技术人员进行违规操作，这就增加了工程的返工率以及失误率，进而对施工成本进行增加。所以，当前，施工企业必须做好质量管控工作，保证施工质量能够达标，进而促进房建工程整体发展。

二、房建工程施工质量控制中存在的问题

综合素质较低。员工综合素质较低也是施工质量方面管理及控制的一个重要影响因素。因为质量管理及控制包含很多方面，而只有对相关人员综合素质加以提升才能让其符合监管人员相关要求，胜任监管这一工作。如今，房建工程相关监管工作当中不少主管人员现有综合素质都打不到标准。有些部门对学历高的人才盲目进行追求，尽管这些人理论知识比较丰富，然而却欠缺实践能力。而且，刚走出校门的高财生普遍缺少工作经验，这对工作开展非常不利，给管理及控制这一工作带来诸多不便。

盲目施工，质量隐患严重。在具体的建筑工程中，建设单位与监督单位没有按照国家规定的标准对施工企业资质进行审查，使得一些没有资质或者资质不达标的企业参与到建筑工程项目中，这些企业没有健全的质量管理体系，缺乏严格的市场准入资格，在进行具体的建筑施工过程中，盲目施工、随性而为，很容易出现这样或那样的质量问题。有的建筑工程项目是多次转包，很难有效把控这些企业是否符合施工资质；有些施工单位人员流动性较大，缺乏一定的稳定性，出现以包代管、以包拒管的非正常现象。同时，部分企业在管理水平上存在很大不足，内部员工技术操作能力差，缺乏应有的责任心，这些因素都不利于施工的顺利开展。另外，施工过程中的偷工减料、以次充好不良现象，容易引起建筑工程质量通病的频繁出现，给工程项目留下很大的质量安全隐患。

施工中使用的材料质量不符合标准。即便拥有完善的施工管理制度和高素质的建筑人员，如果房建工程中所使用的施工材料劣质，不符合安全标准，同样会降低工程的质量水平。对于施工材料，有关部门制定了严格的标准，但是仍有不少不法企业为了谋取私利，以次充好、售价高昂的产品质量差或者廉价出售不符合标准的材料。这对整个房建工程来说是一场灾难，不仅会影响房建工程的顺利实施，减慢进度，即便竣工，这种劣质材料在以后的使用过程中产生的问题也会越来越多，比如房屋漏水、墙皮脱落等。

工程监管存在缺失。要想对质量合格的工程进行建设，就需要对工程进行有力监管。但进行房建工程具体施工期间，工程监管这一工作存在很大缺失，其中包含监管部门缺少

工程人员，与如今市场状况存在很大差距，有的监管部门把监管工作交给了第三方企业进行代理监管，而这些企业的监管人员专业性不高，不受直接管理以及约束。此外，第三方企业的介入还使得监管部门具有的责任意识有所降低，致使监管部门的工作存在缺失。

四、房建工程施工质量控制措施

加强房建工程的监管力度。对施工管控体系加以明确是对工程质量的一个保障。只有对各环节对应的职责加以明确，才能把责任进行落实，进而在出现问题时进行相应处理，并且从根本上对管控工作进行健全。只有加强房建工程的监管力度，才能约束员工，对其工作责任以及义务加以明确，对员工工作的协调性以及积极性进行调动，让其能在自身岗位发挥作用，进而使得施工质量有所提升。

加强施工人员的管理控制。首先，施工现场管理人员应严格规范施工人员的操作行为，一旦发现施工现场存在错误操作和违规操作就要及时制止，并详细检查施工现场是否已经存在质量问题和安全问题，并针对不同的问题采取相应的应对策略，严格做好施工现场的监督控制。同时，施工现场管理人员也要注重施工人员的培训工作，不断提高施工人员的知识水平和技术水平，使施工人员在面对施工问题的时候能够做出正确分析，避免施工措施给其他施工部位造成不利影响。具体的培训内容应结合房建工程的施工工艺、施工设计和施工问题进行综合考虑，使施工人员能够详细了解到施工中存在的问题，使施工人员能够了解到自身的不足之处，从而确保施工人员的操作规范性。

对原料采购实施严格的管理。第一，采购人员的政治素养与质量鉴定要提升，选取这样的人有必需的专业知识，并担任忠于事业。第二，选择采购材料，需要掌握很多的材料信息，综合对比而且优惠购买。在采购物资的时候，要在选择材料合格供应商，对于信誉优良的店铺采购的材料或设备仍然一定要有出厂合格证、材质证明和手册等有关合格证明。对于采购施工材料的成本，必须要定期复查，供应商的资格要定期评估。第三，施工现场材料与负责人，还有别的有关人员，负责对现场设备与方法，还有每一项材料实施检验与验收。特殊材质的规格与质量一定要有相关的测试报告，一定要重新检测与见证取样以及测试生产许可证。

加强施工图纸的审核及技术交底的管理。房建工程开展之前所要准备的资料很多，图纸是重中之重。在实际工程中，建设人员需依据图纸进行房建工程建设，因此图纸的设计不容有失。在具体实施之前，需要审核图纸，确保图纸的可行性和安全性，因此审核过程必须严谨、细致，审核人员也需有较强的责任心和过硬的专业知识，才能发现问题，淘汰不合格的图纸。图纸制订审核的同时，技术交底工作也不容忽视，交底工作的顺利进行有助于房建工程建设的正常开展。

综上可知，房建工程整体施工质量和人民生命以及财产安全直接相关，同时也对我国经济整体发展有着重要影响。所以，针对房建工程中质量管理及控制体系尚不健全、工程监管存在缺失、工作人员存在失职现象以及材料管理及控制存在缺失等问题，相关部门以及施工单位必须构建健全管理监理的制度，加强房建工程的监管力度，对员工管理及控制进行加强，同时加强对进场材料管理，这样才能对人民生命以及财产安全加以保证。

第六节　房建工程施工质量控制措施

伴随着我国经济的发展，房屋建筑行业得到了飞速发展，建筑工程数目和规模逐渐地增多，在当今的建筑行业中，建筑工程的施工质量成了建筑企业的核心竞争力。建筑工程质量受到建筑规模、工期、建筑总高度、施工技术、施工材料、机械设备、施工管理等多个方面的影响。在当前房建工程质量的状况来看，房建施工质量存在着一定问题，所以要加强施工现场的管理工作。

一、房建工程施工质量特点

施工流程繁多。房建工程施工过程比较复杂，包含的设计内容和技术内容比较广泛，复杂的流程和施工人员、技术设备、材料等众多因素，都影响着房建工程的整体质量。

具有单独性，质量控制难度较大。房建工程施工过程复杂多变，并没有一个很固定的流程和现场环境，房建工程建设过程中施工设备、施工技术和施工人员具有很强的独立性，这就使房建工程的流动性比较大，很大程度地影响了工程的质量管理。

工程质量具有隐蔽性。房建建筑施工过程中会有多方面的影响因素出现，每个流程间存在很多较为隐蔽的内容，使房建工程的施工质量在一定程度上存在的隐蔽性。

二、房建工程施工管理存在的一些问题

完善房建施工质量过程中的管理制度。要想实现控制房建工程质量，首先要做到在施工的每一个环节都能按照施工标准安全有效地进行，这是房建工程施工中需要做到的最基本的质量要求。目前，有很多房建施工单位，在房建施工的过程中发现问题时候，常以参与施工的部门比较多、人员较为复杂，彼此之间的配合程度还不够为由，在出现问题时推脱责任。

施工工艺及技术水平方面。现如今随着我国的科技水平不断提高，在房建施工工艺方面也有很大的进步。与此同时，需要避免施工工艺以及技术水平存在参差不齐的情况。从房建工程专业的角度来看，房建工程施工者中，有大部分均为进城工作的农民工，还习惯于固守成规，不愿学习新技术、新方法，不能融入高效、先进的现代化施工中，严重制约

房建施工工艺以及技术的全面发展。

建筑材料质量方面。在房建施工工程施工过程中，建筑材料的好坏往往决定着一个工程是否有保证的物质因素。然而现在有很多工程在建筑材料的质量方面监管不到位，使用质量较差的建筑材料、以次充好。近年来建筑质量问题事故频繁出现，这样的新闻在我们的生活中屡见不鲜。这不仅浪费了大量的人力、物力、财力，更严重的影响了人们的生命财产安全。这是在用建筑产业的发展以及人们对建筑产业的信任开玩笑，一旦发生问题就是致命的。

三、房建工程施工管理质量控制策略

完善房建工程的管理机制。在房建施工中，施工管理的进行必须要具有完善的管理机制。我们需要加强对施工工序、施工人员等各个细节，进行严格分工及责任规划管理。在每一个房建施工的环节，都要有施工人员参与，保障施工的合理性。树立施工人员的工作责任意识，同时可以通过设立宣传栏、广播以及简报等等形式来加强宣传。定期进行管理制度培训，严格规范施工人员的行为，避免因为人员操作失误，而导致整个施工质量出现问题。

提高房建工程施工的信息化管理意识。目前，我们的社会正在高速的发展，提高建筑工程管理信息化是建筑行业发展的关键因素。对于建筑工程项目管理工作提出的要求更加的广泛，要想加强建筑工程管理信息化建设。增强管理人员信息化应用的认识，让建筑工程管理能够有效地进行下去；提高高层领导对于建筑工程信息化认识，了解管理信息化的重要性。要加强对于人才队伍的建设，引进现代化管理的人才和方法，由高层到普通员工，全部进行宣传培训，增强建筑工程管理人员自身的专业素质和技术水平，使建筑工程管理人员的信息化意识不断提高，只有对信息化的认识不断提高，才能更加进一步促进工程管理信息化的发展。

建立健全完善的建筑工程信息化管理机制。建筑工程管理在施工运行的过程当中，相关的建筑工程管理人员要建立健全的信息化建筑工程管理系统，按照相应的区域特色制定一套完善的建筑工程管理的工作模式，可以通过设立宣传栏、广播以及简报等等形式来加强宣传。定期进行管理制度培训，避免因为信息化管理的不完善，而导致整个施工质量出现问题，使得我国建筑工程信息化管理模式更加顺利完成，极大程度地提高我们建筑行业的市场占有率，为建筑施工行业的发展创造一个良好的生存环境做出自己的贡献。

加大控制建筑材料设备的质量。在房建工程质量方面材料设备质量占用重要的地位，对于房建工程中存在的质量方面问题，要加强材料质量监管工作，对施工设备做好维护和检修工作。可采用以下方法：①整个场地的详细分析和检查，检查计划的实施，根据建筑图纸和建筑设计方案制定采购计划，对设计建筑材料和建筑机械的规格、类型和数量进行确定。②注重建筑材料的检验，在购买建筑材料的过程中，应采用专业采购人员，以全面考虑产品质量和价格等方面的因素，根据施工现场的实际情况选用质好价优的材料和设备，施工材料和设备进入施工现场前要按照相关的规范和技术标准来进行检测。③施工设备安装施工现场需要进入到施工现场中，做好相关的调配工作，注重开工前设备的调试和养护，保障机械的日常运转。

综上所述，房屋建筑工程的施工质量决定了建筑本身的性能和使用寿命，对于工程施工中存在的质量问题，施工企业也引起足够的重视，加强施工材料的质量控制，制定出科学的施工方案。确保工程施工的各项工作能顺利进行，减少对房建工程质量的影响，提升房建工程的整体质量，使人们的生活更加舒适和安全，促进我国建筑行业的快速发展。

第七节　房建工程施工管理与风险控制

房建工程施工管理与风险控制不仅是施工单位的施工要求，更是对房建工程、对人民生命财产安全负责的要求。只有认真对待施工各环节的质量要求，加强对施工管理及风险控制的要求，才能确保房建工程施工高质量地完成。本节就房建工程施工管理与风险控制的现状进行分析，重点对其中存在的问题及解决方案进行阐述，以期为房建工程施工提供促进作用。

房建工程施工项目中存在的风险多种多样，要想对风险进行控制，首先就要对它们进行有效的管理。在整个工程项目开展过程中，风险是无处不在的，只有加强对这些风险的管理和控制，才能给工程的顺利进行提供可靠的保证，才能将项目的成本控制在最低的范围内。我国工程施工企业不断发展，竞争的激烈对工程管理提出了更高的要求，而其中房建工程施工项目风险管理又是重要的一部分。加强对工程施工项目中存在的风险的管理和防范，是工程施工顺利进行的必要保障，也是市场经济条件下的必然选择。

一、房建工程施工管理与风险控制现状

房建工程施工管理取得进步，但管理体系不健全。从当前房建工程施工管理发展的现状来看，我国房建工程施工管理在建筑行业快速发展的前提下，也取得了较高的提升。但是，房建工程施工管理取得进步的水平与建筑行业发展的水平不一致，施工管理水平已经落后与建筑行业的发展水平。具体到房建施工管理企业及单位而言，大部分的相关企业及单位均未能建立其完善的工程施工管理体系。这也就导致了在房建工程施工中经常会出现管理不当的局面。这种混乱的管理局面带来的直接后果就是房建工程施工管理水平难以获得较快的提升。

已具备房建工程施工管理部门，但管理者能力不足。随着建筑行业的快速发展，人们

对于房建工程施工与风险控制的重要性已有初步的认识，各相关企业及单位都成立了相应的管理部门对房产工程施工进行管理。但值得注意的是，在房建工程施工质量管理体系中，部分管理人员的能力不足、管理水平有限，这些人作为实施质量管理的主体，其较低的管理能力对质量管理造成了不良的影响，成为制约房建工程施工管理管理及风险控制水平提高的一大阻碍因素。

二、房建工程施工管理与风险控制中存在的问题

安全意识淡薄。在房建工程好施工管理中，数量巨大的建筑工人，在思想上缺乏完善的安全施工意识，而他们作为一线施工人员，恰恰是引发安全隐患的高危人群。较高的技术水平确实可以加快施工的进步并提升工程的质量，但房建工程施工质量也收到施工人员的综合素质特别是安全意识的影响。特别是在进行高空作业时，施工人员一个简单的抛物行为就可能引发一起安全事故，一旦地面施工人员未对施工现场进行封闭管理并设置警示牌，那么可能会引起一系列的安全施工。造成的影响必然会更大，给人民的生命及财产安全造成重大损失。

各部门间缺乏积极的协调配合。在现代建筑行业施工中，大多数房建工程都需要进行高空作业，其技术难度较大、要求也较高，再加上复杂的地质条件，传统的施工技术已经不能够满足现代建筑的施工要求了，需要施工各部门间紧密结合、群策群力来找到更好的方案来加强房建工程施工管理与风险控制。但摆在施工单位面前的难题却是房建工程施工管理水平低下，施工人员施工水平不高，各部门间的交流仅仅是最出题层面的形式性交流或口头交流，缺乏深层次的交流，使施工中的安全隐患进一步增加。

安全设备缺乏。在建筑行业迅速发展的今天，施工单位为降低成本，提升市场竞争力，往往会护士对与房建工程施工的器械配置问题。在实际的施工过程中，需要使用大量的接卸设备，一旦机械设备的配置不齐，最直接的影响就是降低施工的进度，进而影响到整个施工质量。还有部分施工单位为降低成本，选择使用落后的机械设备或是不符合安全生产要求的机械设备，结合较低的施工人员技术水平，房建工程施工风险大大增加。

缺乏现场安全管理。科学的现场管理是房建工程施工与风险控制的重要环节。在当前的建筑行业中，因施工水平较低及施工环境复杂的影响，大部分施工单位在施工现场都缺乏科学的现场安全管理，特别是在进行电气施工方面表现得尤为明显。对于大型机械设备施工而言，施工人员都会进行必要的保护，但在使用大量的小型设备时往往都会忽略了现场安全管理。在阶段性工程完工时，施工人员为施工方便通常在进行小型设备位移时都不会断电，而是采取野蛮的拖拽行为，而这些小型设备一旦出现安全事故，对于施工人员的影响也是巨大的。

三、房建工程施工管理与风险控制的措施

增强施工人员的安全观念。在进行房建工程施工时，在通过例会及定期培训等形式对施工人员进行专业操作水平提升的同时，还一定要加大对施工人员进行安全意识的培养，使安全文明施工的理念深入到每一位施工人员的内心。为完成此目的，施工单位需要建立健全企业内部的安全培训管理机制，增强对施工人员的培养，并对施工现场进行严格的安全管理，设置必备的安全指示标语，严格入场行为。

加大对房建工程管理与风险控制研的检查。为加强房建工程管理与风险控制，除了通过多种手段提升施工人员安全观念外，还需要对施工现场进行必要的安全检查。一是对现场的原材料进行安全检查，确保入场的材料符合安全生产的要求；二是对现场的各类机械设备进行安全检查，记录好每一次的故障处理及维修保养时间，确保机械在施工过程中不出现安全事故；三是对施工人员的施工行为进行安全检查，确保施工人员开展安全文明施工。

制定严格的安全考核制度。在进行房建工程使用过程中，必须要严格按照既定的施工工序进行，对施工要求的各项指标要不折不扣的予以执行，不断加强施工技术管理，降低安全事故发生的概率。这就需要从基础入手，制定严格的安全考核制度，使整个施工过程都能科学合理地进行。还需要制定处相应的应急处理方案，使施工人员在安全事故发生的第一时间采用合理的方案进行处理，将安全事故带来的影响降到最低。施工单位可以将奖惩制度和安全考核制度结合在一起，对施工无安全事故发生的单位及个人采取表扬、优先晋级及奖金等形式进行奖励，同样对发生安全事故的单位及个人采取批评、降级及扣除奖金等形式进行处罚。

严格质量和安全管理。工程建造的质量问题是关系着很多人的生命安全的。施工的时候，施工的设备必须得到保障，购买和使用安全的器械、加大硬件设施的投入，才能保障施工人员的安全和工程的质量。施工前要做好宏观的规划，统筹大局，科学设计。将风险细化，分配到各个单元，增强每一个施工人员的安全意识。并且要安排安全监督人员，严格把关每一个地方的安全性能，做好安全检查工作。同时也要注意购买安全保险，万一发生了安全问题，可以减小损失。

总之，房建工程施工项目建设中都存在着或大或小的风险，我们必须做好房建工程施工项目风险的预测和防范才能减小各方面的损失。企业要想获得最大的效益，必须将风险不断减小，因此风险管理能力必须不断提高，要练就一双识别风险的慧眼，学会预测、辨别、转移和消除风险。只有这样才能最大限度地缩减损失，才能够把工程项目越做越好，才能获得最大的社会效益和经济效益。

第二章　房建工程施工技术

第一节　房建工程桩基施工技术

随着社会的不断发展和进步，城市化进程不断深入，然而土地资源成为城市发展的一大难题，现阶段，房建工程逐渐成为了解决土地资源的策略之一，有效提升土地资源的利用率。房建工程如雨后春笋般拔地而起，而土木工程面临和地基不稳影响建筑使用的问题，因此，对房建工程的桩基础进行要点分析，分析施工的需要注意的事项，提高施工质量，提高房建工程的使用价值，确保房建工程施工安全可靠。

一、建筑工程中的桩基施工技术应遵循的原则

在我国房建工程中在实施桩基施工处理环节中，应该要逐步规范操作并提升施工技术。在施工过程中桩基础由基桩和连接于桩顶的承台共同组成。高层房建建筑中，桩基础应用广泛。在开展建筑工程时，需要逐渐提升建筑整体结构具备稳定性，有效地提高抗风能力以及抗震能力。桩基施工技术提升了岩土层松软度，避免出现倒塌以及下沉情况，有效的提升建筑工程承载力。当前房建工程中广泛应用桩基础，为了全面提升房建工程整体施工效果，需要在开展房建工程项目时，需要针对桩基施工技术中存在的不足进行分析，并全面考虑在施工中采用哪种桩基础，分析存在的问题，依据实际情况制定解决方法，全面的提高房建工程施工质量。

二、房建工程桩基施工技术

控制桩基施技术管理基本要点。桩基施工作为建筑工程项目中最重要的组成部分，直接影响了整体施工质量，在开展基桩施工时，应结合工程项目的实际情况以及提高桩基施工在操作上的专业性。在进行桩基施工时需要做好每个施工环节，提高整体施工质量，并需要施工企业对施工人员开展全面的培训，提高施工人员的专业综合素质，逐渐提高作业人员的知识储备和技术水平，从而有效地提高桩基施工时整体质量。在开展桩基施工时严

格的控制操作流程，提高技术操作的标准性以及规范性。不断优化桩基施工整体流程，逐渐完善和优化桩基施工工艺流程，制定科学的施工技术管理方案，逐步提高施工效果。

筑桩技术。灌注桩与预制桩是房建工程施工中筑桩技术的一环。筑桩这一步骤尤其重要，首先，桩基础的有效保护需要做好进桩，增加压力实现压桩，压桩作业也要确保桩身与每层土体土层紧实，并产生土体的抗剪力。其次，释放进桩的阻力，进桩下压要保持着均匀的速度，并控制进桩方向与桩基一致，避开钢筋和预留桩孔的。再次，桩基础的基础表面保持距离，预留空隙确保压桩的缓冲。接着进行预制桩的压桩作业。需要注意几点，混凝土浇筑需要控制浇筑质量和混凝土的黏合度，对混凝土检验至标准状态方可进行浇筑。其次，充分搅拌混凝土的，控制搅拌比例，确保浇注质量。

静力压桩施工技术。静力压桩施工技术具有操作便捷、噪声污染小、省钱等优点。但它对施工条件的要求较为严格，通常被用于高压缩性黏土层或砂性较轻的软黏土层建筑。静力压桩施工技术的原理是通过利用静压力使桩基被压入土壤中，静压桩本身具有一定的重量，再加上桩架上的压力配件，两者通过合理的作用对预制桩产生相反的力，从而使其深入土壤深部。在实际的施工中，它很容易致使周边的土体结构造成破坏，对周围的环境破坏程度较大，因而它对环境的要求比较高，为此要进行严格的控制来保证施工的连续性。静力桩柱在施工时一般采用的是分段预制施工，这种施工方式能够有效减少对土壤的不利影响。在施工前要对施工现场的各种基本情况进行测量，从而确定桩柱的长度，桩柱间的连接工作也要做好，否则会降低其抗倾斜的性能，只有这样才能确保施工的质量符合预期标准。

预制桩施工技术要点。在桩基础施工过程中，需要应用到预制桩，就是指通过振动，锤击和静压等方式，这样才能将桩打入正确位置，而且在现实中还有很多的方法将桩预制成桩。在建造房建桩基的过程中，以预制桩为例，如果采用静压法，则主要路线为。必须首先验证桩，只验证主桩。这样，我们才能进一步开展桩基施工，确保其顺利施工，而且这样做还可以更好的防止桩基施工过程中出现的各种问题，如基础溢流或桩基溢流。而且，在压桩过程中，还必须有效地保护桩基。为了防止在压桩过程中产生偏差并影响桩基的压力，压力的速度应控制在 1 m/min。在压制过程中，只能使桩基与每个土层接触，并在压制过程中释放产生的剪切预应力。

灌注桩施工。沉管灌注，挖孔灌注以及钻孔灌注三种方式均属于灌注桩，且具有一定的差异性。在对灌注桩技术进行应用的过程中，施工人员必须根据实际情况对灌注方式进行合理选择，避免出现断桩情况。同时还应对混凝土的质量进行严格控制，以防出现堵管，埋管等情况。需要注意的是，挖孔灌注需要采用人工挖孔的方式，在此过程中必须对施工人员的安全进行保障。

人工挖孔桩。人工挖孔桩是桩基础施工常见的桩基础技术，在各种房建工程施工中具有普遍性，在各大房建工程施工中十分常见。人工挖桩历史悠久，该种技术方法流传了很久，这是一种成本最小的挖桩技术，有着以下的优势：丰富经验，污染小、耗用资源小、成本低、施工周期短、简单易操作等等。

桩基工程是建筑施工中的重要组成部分，在建筑施工中的影响非常大。建筑是一个国家的经济能力的标志，而建筑施工的质量直接关系到人民群众的财产安全和生命健康安全，所以在建筑工程桩基施工问题一定要改进，只有将施工过程中出现的问题解决和不断提升施工技术，我国的建筑行业才会更上一层楼。

第二节　房建工程深基坑施工技术

介绍了深基坑施工中常见的问题，从深基坑突发情况、周边水位、结构安全系数等方面分析了施工技术要点，指出在进行深基坑施工的时候，必须要提前做好监测工作，对环境与地质展开勘察，禁止盲目的施工现象出现，确保深基坑的施工质量和安全。

科技技术的发展促进了房建工程的发展，更是促进了深基坑施工技术的进步。随着国家土地面积的减少，可供建设的土地越来越不够。但想要在有限的土地中构建满足人们居住的房建工程，成了目前我们需要思考的问题，所以现在的房建工程的楼层数也越来越高，自然深基坑的深度也就更深了，对此施工技术的要求也越来越严格。我们都知道，深基坑施工技术是一种房建工程中最为常用的技术，从技术的操作上可知，深基坑技术并非很难，并且工程质量与安全也难以得到保障。所以，在进行施工的过程中，一定要全面的考虑其深基坑的施工程序，进而有效的保障施工的质量安全。也可以说，深基坑的质量好坏直接决定了房建工程的质量。然而，在目前我国的房建工程深基坑施工技术却还存在着问题，对房建工程还有一定影响。因此，一定要加强房建工程深基坑技术的应用，才能最大程度的保障工程的质量以及效益。

一、深基坑施工中常见的问题

在深基坑施工技术的过程中，因为施工企业在管理以及技术方面的不足，致使了深基坑的施工质量存在很大的问题，而这对于竞争激励的建筑行业来说，会给企业造成很大的不利影响。主要归纳为以下几点。

边坡整修不当。在进行深基坑施工的时候，开挖阶段是最难的环节也是比较大的项目。一般在这阶段中，都是采用人机合一的方法展开的施工，可由于机械在操作的时候无法做到精准，所以难免会出现一些边坡整修不当的问题，而这也是最常见的问题，都是因为开挖不当或者不到位导致的，这些问题都会给以后的平整工作造成影响。随着深基坑不断的加深，平整度以及平滑性都会大大降低，因此时常需要人工再进行补救。然而在人工操作的过程中，为了更好地确保工人操作的安全性，一般会在操作的时候，让工人提前做好一些保护措施。但这样工人在操作的过程中却无法做好准备工作，结果导致了质量一直无法提高，最后还会给房建工程的质量埋下了严重的安全隐患。

施工与设计存在着差异。我们都知道，设计与施工存在着一定的差异，其具体表现在如下几方面：在工程施工中，最无法避免的就是偷工减料行为，自然深基坑施工也不例外，但这种行为会损害到整个工程质量。所以在进行深基坑施工的时候，一定要注意。可是有些施工人员认为在深基坑施工的时候偷工减料不会被发现，也不会有什么大问题，但这种做法是不可取的。如果严重的话，还会导致深基坑质量出现问题，出现裂缝现象，进而给整个工程的质量带来不利影响。为什么会出现这些现象，主要是施工企业想要减少施工时间，加快施工进度，所以在施工的时候完全不按照设计要求进行施工，并且有些施工人员在工作时态度过于消极，没有严格按照标准进行施工。可以说，施工企业太过于重视利益，不注重施工过程以及质量，这种不负责的态度，直接给工程质量带来了很大的隐患。此外，在设计以及施工的过程中，深基坑的立体空间未能成型，这样的话就需要根据结构进行调整，进而确保其满足工程的需求，那么施工与设计就会存在很大的差异。

没有协调好施工进度。在深基坑施工中，施工进度的协调问题也是最为常见的问题，具体有两方面：1）负责的施工单位未能得到有效的审核以及调查结果就盲目展开施工，致使了操作不当问题的出现。如在土方开挖的过程中，没有确定施工管理以及措施，导致施工无序的进行，就会导致各个部门之间的协调不到位，严重的话，甚至还需要重新做该项目，这样的话，不仅会造成资源的浪费，同时还会浪费时间、人力。2）由于无序的施工导致了施工的计划被打乱，出现混乱现象，从而影响整个工程的施工进度，导致安全做不到位，给施工人员的生命安全造成严重的危害。

二、深基坑施工中的技术要点

对深基坑施工技术的控制。在施工中，最为关键的就是将掌握的施工技术应用到实际的施工环节中，尽可能地确保施工达到完美，最大限度地避免一些处理不当问题，否则会导致施工质量达不到要求。在进行深基坑施工的时候，需重点关注深基坑的深度，做好相关的预防措施。然而由于深基坑开挖工作较为复杂，那么在施工的时候需对各个环节展开规划，严格的控制施工质量，预防一些可能会发生的问题。通常情况下，施工企业在进行施工的过程中一定要按照标准进行，对施工人员的规范也要严格控制。此外，施工人员在使用仪器的时候需对其进行管理，在规定的位置设置监控设备，一旦发生施工中存在的问题，可以通过查看监控了解到其中的原因，使其提出有效的解决措施。在碰到特殊的土壤，重点考虑地质的影响因素，规划出最佳的施工方案。如：软土层，在挖掘软土层的过程中，不能过深的挖掘。如若深度太少，速度太快，就会给施工质量造成很大的安全隐患，导致施工现场出现失衡现象，破坏土壤平衡，出现滑坡的现象。

对深基坑突发情况的施工技术。房建工程是一项复杂、投资大、工期长的工作，会消耗大量的物力人力，并且还会出现一些突发现象。所以，在进行深基坑施工之前，应提前做好相关的应对措施，预防突发情况，具体的深基坑突发有以下几种：1）流沙、管涌等突发情况出现；2）局部出现裂缝；3）天气变化多端；4）施工较为近的会相互影响；如果在进行施工的时候有如上突发情况发生，施工人员必须要提前做好应对措施，及时的处理问题，减少危害发生，尽量保证施工的质量与安全。

对深基坑周边防水的施工技术。众所周知，水会给深基坑造成很大的危害，所以在进行深基坑施工的过程中，一般会选择在枯水季节实施。因此，在地下水高的地区，一定要做好相关的防水工作。如果施工中存在深基坑，那么对水的处理，通常会以堵为主，抽水为辅，有效的结合二者，为深基坑周边的土壤提供保护，最大化的避免不均匀沉降的问题。

深基坑围护结构的安全系数。在深基坑施工中，深基坑围护结构的安全系数非常的关键，通常是根据周边环境、工程制定要求以及基坑安全确定的，不可随意使用非正规的深基坑报告，应对其全面分析建筑物的情况，选择力学参数，根据实际的情况进行整理，进而提高支护结构的安全系数，保障后期的工程质量，为房建工程打下最坚实的基础。

房建工程深基坑施工技术的应用，不仅能够提升工程的质量安全，同时对建设以及环境都有一定的影响。所以，在进行深基坑施工的时候，必须要提前做好监测工作，对环境与地质展开勘察，禁止盲目的施工现象出现。我们都知道，深基坑施工属于一种地下工程，可变因素特别的多。由此，在施工中应注意与相关的人员沟通好，提高管理工作，时刻的关注施工中的变化，一旦有异常情况发生及时解决。所以目前房建工程的安全成了重中之重，而企业必须要具备安全意识，加强施工中的管理水平，提高人员的防范意识，将责任落实到实处，树立正确的安全观念，进而促进房建工程的质量，为人们日后的居住提供有力的保障。

第三节 房建工程施工节能环保技术

随着经济的快速发展，能源消耗也逐渐增加，近年来人们逐渐对技能环保技术的关注度越来越高。房屋建筑工程施工中的技能环保技术是指利用合理的设计和节能材料，促使房屋建设符合国家的节能标准。本节就房屋建筑工程施工中的节能环保技术进行了简要的分析，为促进房屋建筑健康稳定发展做出贡献。

城市化的不断推进，推动了建筑行业的发展。随着人们对房屋质量要求不断提高，现代的房屋建筑工程越来越智能化和系统化。而建筑行业的高速发展，则给建筑施工企业带来极大的行业竞争压力。房屋建筑工程作为一项大能耗工程，如何在施工中应用好节能技术，降低房建工程施工对资源和能源的消耗，已经成为影响建设单位工程利润和行业竞争力的关键。因此，如何在房屋建筑工程施工中应用好节能施工技术，以最低的能耗和资源消耗量如约完成房建工程，已经成为当代建筑施工企业重点研究和实践的课题。

一、房屋建筑工程节能施工技术的意义

建筑节能环保技术在房建工程施工中的运用主要目的就是为了引导人们在生活和工作中能够与自然和谐相处，并与自然保持可持续发展。节能施工技术简单来说就是高效利用能源，进而达到能源节约的目的。当前，天然材料及太阳能技术的重复利用成了节能技术中应用最为广泛的技术，由此就促使节能施工技术的多样性。通过分析发现，房屋建筑工程节能施工技术主要有以下意义：第一，节能型技术的应用可以有效地促使能源消耗的降低，促进我国社会经济的稳定与可持续发。第二，节能施工技术的应用可以加强对生态环境、自然环境的保护，特别是减少了供暖系统排放出的废气与废液对周围环境的影响。第三，节能施工技术的应用可以有效地减少施工周期，提升建筑工程施工效率，进而最大程度的保障了施工企业的经济利益。所以，在当今建筑施工生产过程中，有关部门要能够进一步强化节能减排设计工作力度，增大节能环保设计理念在房屋建筑工程过程中占有的比例以及地位，不断创新设计要求，从而保证建筑行业实现可持续发展。

二、节能施工的基本原则

首先，应该尽可能地选择节能型的施工材料。质量是建筑工程施工中关注的主要问题。除此之外，建筑工程对房屋保温的重视程度也是较高的。当前有很多节能型的建筑保温材料，他们不仅与设计要求相符合，同时还可以有效地降低能源的消耗。在选择屋面及墙体的节能材料时，可以尽可能地选择保温高效的材料，例如玻璃棉或聚氨酯等。其次，要以节能设计为根本原则。由于使用节能技术是存在一定限制的，因此建筑工程施工人员要充分掌握节能设计的要求在选择房屋供热时，要尽可能地避免使用煤炭，应该扩大太阳能的应用及地热能的应用。

三、房屋建筑的节能环保措施

建筑原材料。在房屋建筑施工的过程中经常会使用到一些钢材、水泥、木材等。因此在选择房屋建筑原材料的过程中要确保原材料的质量能达到房屋设计标准，确保房屋建筑的质量。同时在建设施工过程中，加强施工工艺能有效地降低材料的实际消耗率和能源消耗情况，实现节能环保。选择合适的建筑节能材料能在一定程度上实现建筑的节能环保，因此在选择的过程中尽量选择健康性、经济性的节能材料作为房屋建筑的原材料。随着近些年来科学技术的不断发展，越来越多的新型环保材料被研制出来，并且得到了广泛的应用，例如墙体屋顶中的保温防水材料的使用，以及门窗中新型透光隔热玻璃的使用等都促

进了房屋建筑的节能环保发展。

节约能源。为达到节约能源的目的，主要从以下几个方面着手。首先是选择能满足建筑节能具体需要的合适材料，并且通过先进的施工工艺促使房屋建设施工中能达到节约能源的目的，例如在房屋建设中施工太阳能等。其次对建筑物周围的防护结构做好节能工作。因为建筑周围的防护对建筑的整体有隔热的作用，因此采用陷阱的施工工艺加强外墙防护保温作用能有效地保证房屋的保温性能达到所需要的要求，进而实现节能的目的。

房屋建筑各部位节能措施：

墙体节能。首先是在墙内侧和外侧设置墙体保温层，墙体保温层的设置方法是抹灰、粘贴和复合将保温材料进行结合形成墙体保温层，达到墙体节能的目的，其中抹灰方法是最常用的设计墙体保温层的方式。但在进行喷涂之前要保证墙面的洁净和干燥，并且保证涂抹层的均匀性，实现良好的保温效果。在房屋建筑施工的过程中也可以使用空气层达到隔热效果，这种方式还能起到防水作用，但是由于成本较高，因此不常用。为保证干挂施工的顺利进行，要充分考虑到气候、地震等因素的影响，以确干挂系统和墙体锚固的稳定性，促使节点质量效果过硬，防止金属件受到腐蚀。同时选择保温材料要选择低容量、低吸水性、导热系数低的材料，并且要进行审查后方可使用。对材料的储存要注意防水防潮。所有的施工过程中都要注意施工工艺，以保证房屋建筑质量合格。

窗户节能。设计合理的门窗部位对建筑施工企业来说非常重要。在施工过程中，对窗户和墙壁的面积比例进行限制能有效地增强房屋建筑的节能效果。与此同时要增强窗户的气密度，防止冷控制进入防区，使房屋的总量降低。采用弹性松软的材料和密封膏对窗框及墙体间的缝隙进行处理。在选择窗体材料的过程中，要选用塑料和塑钢材料确保气候因素不会影响到窗体材料，同时要合理应用双层玻璃和中控玻璃，达到保温的效果。

屋面节能。要选择合适的保温材料符合房屋建筑的实际应用。通常情况下，选择的保温材料是导热系数低、强度高、吸水率低的材料，可将保温材料设置与防水层和层面板中，还有的散料可与水泥胶相结合，进行浇筑使用。屋面选取哪种保温材料要根据实际情况来定，但是无论选用哪种都必须要考虑产品技术规范、导热系数等，同时选择的建筑材料必须具有防水防潮的作用。目前较多的房屋采用的是倒置屋面，它调换了保温层和防水层的位置，为保证保温效果良好，通常会将保温层设置早防水层上方。绿化房屋建筑的屋面能有效降低房屋建筑的能源消耗的温室气体的排放量。通过绿化屋面不但能起到吊接房屋内温度的作用，并还能起到美化环境的效果。因此在房屋建筑施工中要重视屋面的绿化施工技术。

建筑空间。在设计房屋建筑的过程中，对建筑空间的设计非常重要，在设计中不仅要体现出建筑功能，并且还要体现出房屋建筑空间设计的合理性，达到房屋建筑内温度改善的作用，从而实现房屋建筑的环保节能。在设计房屋建筑的整体空间过程中，合理的空间设计能为房屋带来良好的通风效果和采光效果，并且能在一定程度上起到节能的目的。

当前建筑行业施工的主要方向即为节能型房屋建设。同时在房屋建筑行业，节能施工技术的施工范围也在不断扩大。当前，我国房建工程节能技术的研发与运用仍然是存在较大的发展空间的。施工单位在进行节能施工技术选择的过程中要着重考虑到房屋建筑工程的具体状况，在施工过程中安装工程设计方案严格施工，由此才能确保房屋建筑施工质量，促使我国房建行业的稳定发展。

第四节　房建工程屋面防水施工技术

房建施工中的防水技术是一项烦琐复杂的工程，它涉及诸多方面的因素，该工作需要相关的施工人员做出持续不懈的努力，在实践的过程中总结施工经验，进而确保工程质量。本节在对于防水技术在房建工程中的问题及处理措施做了深刻的探究分析，促使广大公众更加重视房屋建筑施工中防水技术的发展，希望可以给相关的专业人士提供一定的借鉴与参考。

一、防水技术在建筑工程中的重要性

防水技术在建筑工程中占的比重非常大，相关的专业人员应该正确对待建筑物的防水问题，深刻意识到其重要性，必须在建筑施工的过程中严格把关，不遗余力的做好建筑物施工中的防水工程。一个建筑物中其防水技术的利弊直接关系到建筑物的寿命与居住者的生命财产安全，如果建筑物所使用的防水技术不达标就会造成一系列严重的后果，例如最典型的就是建筑物内的电器短路造成家具的损坏、室内潮湿致使墙皮大量脱落等不良结果，造成国家经济资源的重大浪费，所以，防水技术在建筑工程中扮演着不可替代的重要角色。近年来，在多元化的建筑工程当中，多元化的发展和科学进步也在持续的为房建过程中的防水技术提供源源不断的技术保障，可以在一定程度上有效的遏制不达标防水技术造成的问题。

二、防水技术在房建施工中存在的主要问题

建筑设计人员在设计过程中的防水处理意识不强。近年来，我国房建工程的施工质量越来越差，主要是建筑防水材料质量不高或者是材料选择存在一定的问题，相关的质量监测对于出现的问题没有进行及时有效地解决，即使是二次修复也只是门面工程，没有落实到实处，因此，致使漏水、渗水的问题得不到解决。建筑设计人员在设计过程中的防水处理意识不强是最根本的原因，在实际过程中，大部分的设计人员没有深刻意识到防水材料材质的作用，并没有直接参与房屋建设，很大一部分的产品缺少严格的检验就流入到建材

市场当中去，这给建筑设计人员敲响了警钟，要求其提高防水处理意识。

施工单位对于防水施工质量的把关不够严格。施工单位对于防水施工质量的把关不够严格给一些不发建筑施工单位提供的可乘之机，采用非法转包分包的手段以及使用假冒伪劣防水材料来降低建筑工程造价，整个建筑的防水系统没有得到应有的保护与完善。此外，不按照防水的基本程序进行运作也是造成房建工程隐患的诱因，有的施工企业单纯地为了抢工期就漫无目的的作业，进行无方案且不具备开工条件的施工，还有的施工单位不但施工不合乎规范标准，也没有对施工质量进行有效的审查与审核，这会成倍增加后期修缮的费用以及威胁居住者的生命财产安全。因此，要切实监督施工单位对防水施工质量的严格把关。

三、屋面防水工程技术的应用

（1）施工单位应该在屋面防水工程施工之前合理的组织技术管理人员会审屋面工程图纸，凭借实际情况编制相应的屋面工程施工方案或是技术措施，掌握好有关的技术要求与细部构造。

（2）我国的屋面防水应该依据不同建筑物的不同特点遵循“因地制宜”的原则而划分为四个等级，本地的自然生态环境条件、建筑物的性质及使用功能也应考虑在内，进行屋面防水工程的施工。

（3）房建工程的施工应该严格按照规章制度的细则进行检查，在确保工程质量无误后进入下一环节的作业，而且屋面工程的防水施工主体是防水工程的专业施工队伍。

（4）房建工程中防水材料的选择与排水坡度也是密不可分的，平屋面的排水坡度通常为 2 ~ 3%，结构找坡适用于 3% 的排水坡度，而材料找坡适用于 2% 的排水坡度。

四、防水材料的选择

合理选择地下工程防水材料。由于地下工程状态具有阴暗潮湿的特点，因此更要科学合理的选择地下工程防水材料进行使用，而且建筑物的地下工程密布着较多的水流管道，更要确保腐蚀、渗漏等不良问题发生在防水层。地下工程使用的防水材料要求具备较好的延伸性与抗渗漏能力，例如：如果地下工程的防水材料选择使用的是高分子防水基材，它要合理控制好材料的厚度以及具备较好耐水性的黏结剂，具有较长的使用寿命，进而保护房建施工的地下工程。

选择建筑屋面防水材料。选择建筑屋面防水材料要确保防水材料的生产厂家都有健全的证书且是正规的，我们选择的防水材料不仅仅要具备基本的防水特性，更应该持久耐用。因为选择建筑屋面的防水材料并不是一件容易的工作，居民居住的房屋建筑会受到很多因素的制约影响，天气环境变化会导致房屋建筑结构在不同时段的温差变化，会出现热胀冷缩的情况，所以要特别注意选择的建筑屋面防水材料充分结合工程的具体情况来进行。

卫生间防水材料的选择。卫生间防水材料的选择是防水材料选择的又一大途径，卫生间防水材料的筛选使用在考虑基础方面例如地面、楼面的同时，还要对于卫生间的内部结构构造进行全面综合的对比分析。之所以卫生间防水材料的选择要从整体上确保防水材料能够对基层形状足以适应，是因为房屋内部的卫生间遍布着较多的阴阳角，而且面积比较小，注意防水材料不能有接缝与渗水的症状，涂膜也应该是整体进行的。

五、进一步加强建筑防水工程建设，提高建筑防水质量

完善质量管理体系及严格检验防水材料。不断建立健全以及完善我国当前建筑防水保修制度，做好维护保养工作，严格按照施工程序来进行防水施工，制定相关的检测制度，施工技术人员还需要严格抽样检查进场的各种各样的防水材料。从技术层面上来看，要把防水系统的基层工作夯实打牢，延缓防水层的老化速度，在接缝的接口上要求严格的密封处理，把房建工程中的防水工作与科学技术紧密结合；从管理层面上看，加大建设各单位与政府相关部门对于假冒伪劣防水材料的整治力度，使得防水技术在房建施工中发挥出最大的经济社会效益。完善质量管理体系及严格检验防水材料，再加上其他各个领域的建议措施，进一步实现加强建筑防水工程建设与提高建筑防水质量的长远目标。

提高设计人员的防水设计水平与防水意识。这一措施在很大程度上提高建筑工程的防水质量以及加强建筑防水工程建设。设计人员应该始终不断地进行坚持不懈的学习，在房建工程的实践中把防水技术落实到实处，掌握不断出现的新型防水材料的性能。提高对防水重要性的认识，纠正低标准低造价防水设计，杜绝无休止的恶性压价竞争，还应该依据防水等级及设防要求选择防水材料，建设方和施工方不能够随意性的更改防水材料。严格控制防水材料的质量，防水层的设计必须要达到抗老化的效果，防水层在房建的设计当中要较好的结合房建的特征进行设计，从设计上将控防水系统的实施和建立。这一措施需要每一个个体通过自身的努力来实现防水意识的提高，进而确保房建工程中防水技术的充分利用，发挥最大的节水价值。

综上所述，我国建筑行业在时代迅猛发展与社会经济进步及人们生活质量提高的背景之下得到了长期的发展，同时也对建筑工程的质量提出了更高的要求与挑战。结合我国的实际情况可知，房屋的防水工程质量是整个房屋质量的核心所在，防水工程的施工是否成功决定着整个建筑施工成败的关键。房屋建筑施工中防水技术的应用，不仅可以杜绝因渗水给建筑物及其内部设备造成的损坏，也可以避免地下水雨水对房屋墙体的侵蚀及房屋内墙潮湿脱皮的发生，最大化的保障建筑物中的人员生命财产安全。因此，房建工程中防水技术的应用具有深刻广泛的重要意义。

优质服务才能提高全域旅游满意指数。太原局集团公司对所有客运、旅游从业人员常态化轮训，并重点对1000名车站、精品列车服务人员进行旅游专题培训，增强大家服务意识与服务能力，使之成为山西文化旅游的宣传员和代言人。该集团公司还在10个热点

旅游车站设团体票专口，“一站式”办理团体票、联程票、返程票，最大限度方便旅客；在 30 个旅游热点市县车站开设旅游团队进出站绿色通道。

第五节　房建工程外墙防渗漏施工技术

随着人们经济水平的不断为高，大多数人对于在居住和工作当中的房屋外墙渗漏问题也越来越重视。本节在对外墙防渗漏的技术进行了深入的分析之后，得出了其主要渗漏原因有建筑材料的原因和施工过程当中的问题等。不仅如此，还总结了主要用于防渗漏的环节主要有施工前的准备工作和门窗合理的设计等，并且还对于施工结束后的检测环节做出了总结。

近年来，我国的经济水平不断飞速增长，一些高新科研技术也在不断地被研发出来，但是在房建工程地施工过程当中，依旧存在着许多有关于外墙渗漏地问题，其问题对于房建工程地整体质量有着非常大地负面影响。所以，防渗漏技术的合理使用对于目前的形式来说刻不容缓，具有非常重要的意义。

一、房屋外墙工程渗漏的原因

建筑材料因素。在实际的房建工程施工过程当中，其所使用的施工材料对于施工整体的质量起着至关重要的作用，也是施工过程当中非常重要的一部分，是否合理的选择施工原材料可以直接决定所建设房屋整体质量的高低。但是，一些施工的单位和部门在实际施工当中，为了更多的节省施工成本来获得更高的经济收益，就会选择一些质量较差的施工原材料，在选材的过程当中也没有按照相关的规定进行严格的审核购买。如果用这种质量不达标的原材料进行施工，其外墙就会不可避免地出现渗漏问题，因为材料地强度远远达不到应有的水平。

建筑设计问题。在房建工程施工之前就必须要进行施工图纸地设计，在设计相关图纸的过程当中要结合当地的实际情况和设计人员的思路，如果在图纸设计的环节过程当中出现一些问题，那么会直接影响到整个施工的质量，会直接导致建筑出现各种无法预料的问题且无法及时的修整等。比如，要对于不同地区的房屋进行不同的设计方案，如果是在一些雨季较长的地区当中，就必须要重视房屋坡度的设计，以此来加强房屋排水的性能。但是施工图纸在房建施工过程当中是不可缺少的存在，因为如果没有施工图纸的指导，在施工的过程当中对于各个部分的尺寸、用料、施工顺序等都无法确定，也会导致很多负面影响。

建筑施工问题。在房建工程施工渗漏问题的出现包含着地基的施工和混凝土浇筑等许多方面问题。所以，在这个环节当中，相关的施工人员就必须要做好相关的准备工作，以此为基础来为所施工的建筑物提供更加有效的保障，尽量避免房屋出现不同程度的渗漏问题。但是回归到实际的施工过程当中，因为施工人员的专业素养参差不齐，特别是一些工作人员因为不具备很强的专业性，这就导致一些施工人员无法有效的按照相关的规定来进行施工操作，从而就会产生一些渗漏问题。所以，相关的管理人员要严格地把控各个施工环节，以此来尽最大可能地保证施工的整体质量。

二、外墙防渗漏施工技术在房屋建筑工程中的应用

施工前的准备。在还未开始投入施工之前就必须要进行一些有效的准备工作，以防止在施工的过程当中出现意外情况。要结合外墙砖模数和外墙挂线，进行确认对边线的数量，并且要对于预留洞的大小进行精准的规划和对位，检测拉筋的长度，尽量挑选出一些棱角分明和相对完整的混凝土切块，以此来保证施工的准确性，减少意外情况的发生。如果出现砖的模数和墙体的长度不想对时，就必须要选择一些专业的施工配件来切除掉多余的部分和有效的修补，为日后的施工环节打下坚实的基础。

外墙施工的准备。在进行外墙的施工过程当中，相关的施工人员需要对外墙的一些污染物和灰尘等进行全方位的清扫，防止在下一个抹面环节当中吸收过多的水分，如果吸收了过多的水分，就会直接导致墙面出现裂口或者鼓包，从而引起外墙的渗漏问题。所以，在进行具体的施工过程当中，要严格地控制水分地喷洒，进一步地保障其吸水量在可控地规划范围之内，不能过多或者过少；不仅如此，还要结合当地地实际情况来选择更为合适地涂料工具，不过一般来说，其工具必须要具有一定程度地透气功能；此外，还要在装饰外墙时留有一定的空隙，以此来保证其外观具有更强地饱满性。

门窗的设计。在进行门窗地设计过程中，要尽量地避免门窗洞口存有一定的偏差，但是在很多情况下，都会出现不可避免地偏差，因此一定要保证上下和水平之间的偏差小于百分之十，特别是在实际地施工过程当中，要不断地对于其结构进行微调整，上面和下面一定要保证过线。不仅如此，其左右水平两面还需要保证通透性，只有这样，才能够进一步地保障其预留的部分能够进行适当的填缝。特别是在一些窗框接头的位置当中，更是需要进行有效的固定，一般采用填灰层的技术来进行固定，可以有效地防止在日后的使用过程当中不会出现起壳或者松动的现象。

外墙基层的处理。如果想要提升外墙的稳定性，尽量避免渗漏的情况出现，就必须要重视外墙基层的处理工作，以此来进一步地增强外墙的稳定性和坚固性等。首先，相关的工作人员要对外墙的污染物和屑渣使用高压水枪进行全面的清洁，并且在清洁完成之后涂刷在施工前所规划的定量胶水，与此同时，还要在这个环节当中注意墙面是否符合施工方案和相关的标准。然后，还要对外墙的装饰面砖进行有效的粘贴，要依据其施工图纸来进行规范化的贴合，在这个过程当中，相关的监管人员要不断进行定期的巡查，保证粘贴面砖的过程当中尽量的牢固，因为如果粘贴不够牢固会出现面砖脱落，甚至会出现一些危害

附近人生命安全的问题。

在传统的房建工程外墙防渗漏工作的开展过程当中，主要的侧重点是在防水层部分，但是其效果并不好，特别是相对于目前的施工阶段当中，人们对于此的要求越来越高，所以，相关的施工单位和企业要进一步的明确外墙渗漏的原因，施工的过程中也要结合当地的实际情况来进行严格的控制，借助一些更为先进的施工技术和材料，来尽量地避免外墙的渗漏问题。

第六节　房建工程清水混凝土的施工技术

建筑行业在经济发展的推动下发生了巨大的变化，同时也推动了各种新型技术和材料的发展，其中清水混凝土施工技术就是一种新型的建筑工程施工技术，在房建施工中占据着非常重要的位置。清水混凝土技术本质上属于一次成型技术，大多数情况下都是利用自然颜色作为装饰面，因此在现阶段房建工程施工中受到了广泛的青睐。但是房建工程清水混凝土施工对施工技术的要求相对较高，如果不能够掌握技术要点的话，就可能出现一系列的施工问题，本节主要对清水混凝土施工技术进行详细的分析。

清水混凝土施工技术在我国的发展历程是非常曲折的，清水混凝土技术是伴随着混凝土建筑结构的运用而孵化出来的，清水混凝土施工技术最先应用在预制板的反打施工中的，并且随着时代的发展在原有的基础上进行了更加深入的研究，直到现阶段作为房建工程施工的主要施工技术之一。在清水混凝土施工工艺之下，只需要将现浇混凝土的自然色作为装饰面，不需要在此基础上进行进一步的装饰，能够有效地提升房建工程项目施工的质量，同时还能够起到降低工程施工成本的作用。在未来房建工程发展的过程中，需要对清水混凝土施工技术进行更深一步的研究，在现有技术的基础上，进行不断的优化创新。

一、清水混凝土技术的内涵分析

为了能够更加清楚的了解这项技术在房建工程施工中的优点，下面就来对具体的技术内涵进行分析。清水混凝土施工技术主要指的就是以混凝土的自然外表以此成型，混凝土浇筑工作完成之后不需要对其表面进行抹面处理的混凝土施工技术。在对混凝土表面进行装饰时，可以对其表面进行刮腻子操作，这样就能够使混凝土表面的抹灰能够达到施工标准。除此之外，清水混凝土是一次性成型的，因此其强度远高于其他形式的混凝土，其内部的钢筋结构布置也非常的精确，保护层的厚度也控制在规定要求范围内，其外表看起来也更加的光滑平整。

二、清水混凝土工程类型

清水混凝土工程与其他类型的混凝土工程之间有着非常大的差别，清水混凝土成型之后就能够直接作为装饰面，不需要对其进行二次装饰，下面就来对现阶段房建工程中清水混凝土工程施工的类型进行详细的分析。

普通的清水混凝土房屋建筑工程。一般情况下，在房屋建筑工程项目开展的过程中，都会在建筑墙面铺设一层混凝土材料，当铺设之后在混凝土材料自然风干之后，表面的颜色会有一个均匀变化的过程，虽然是普通的清水混凝土施工，但是其表面的平整和光滑程度却远胜于一般的建筑物表面，这样的清水混凝土房建工程就是我们常说的普通混凝土工程。

饰面清水混凝土房屋建筑工程。施工人员在清水混凝土风干硬化后的自然质感基础上，再进行进一步的设计，使的整个混凝土装饰面能够呈现非常明显的裂纹装饰，这样能够使混凝土表面有种非常自然的装饰感，该工程就叫作饰面清水混凝土工程。

装饰清水混凝土房屋建筑工程。混凝土施工之所以得到了大范围的推广应用，有一个功能非常重要，那就是拓印功能。正是因为混凝土具有这样的功能，施工人员才能够采取一定的处理措施，对饰面进行进一步的装饰处理，在装饰的过程中也可以通过施工办法将装饰效果埋入到混凝土施工的表面，这种工程施工就叫作装饰清水混凝土工程。

四、房建工程清水混凝土施工技术分析

清水混凝土的模板施工技术。模板施工有一个非常重要的施工前提，那就是既要能够保证房屋建筑的施工效果，还要能够保证模板受到的结构压力比较的均匀，不会对模板结构的稳定性产生影响。在对清水混凝土模板进行拼缝对接时，要能够保证拼接的严密程度，要能够将两板拼接形成的接缝宽度控制在 1.5 mm 以内。清水混凝土模板施工对模板的材料没有太过苛刻的要求，只要具备较强的刚度就行，从现阶段市场上的模板材料类型来看，大多使用的都是钢材和木材的组合材料，这两种材料组合制成的模板不仅有着非常强的刚度，还有着非常均匀的吸湿效果。但是需要注意的是，模板施工之前，需要将模板表面清理干净，为了使模板的均匀性得到保障，还需要在模板的表面涂上一层脱模剂来加以控制。

清水混凝土钢筋工程施工技术。钢筋工程是清水混凝土工程中一个非常重要的施工环节，钢筋是混凝土结构中承受荷载的重要造成部分，对整个混凝土结构的稳定性也有着非常重要的作用，钢筋在建筑结构中的应用必须要能够满足项目设计的前期需求，钢筋在入模之前，需要对其表面的锈屑进行仔细的清理。同时如果在钢筋施工中，需要进行钢筋之间的连接施工，则需要采用钢筋焊接技术以及钢筋机械连接技术，其中在钢筋结构焊接过程中需要注意的是，在钢筋焊接之前，需要在被焊接钢筋的下放铺设一块金属材料的垫板，防止焊接过程中飞溅的高温火花对清水混凝土的表面造成伤害，影响到表面的光滑和平整。

混凝土施工技术。在清水混凝土施工中，混凝土施工技术是其中一项非常重要的施工

技术，其中有两个施工要点需要加强注意，下面就来对这两个技术要点进行详细的分析：①不同的房建工程项目对水泥的强度有着不同的要求，强度过低达不到施工标准要求，强度过高的话又会增加工程项目的成本，如果项目中水泥的用量相对较少，为了提高水泥强度，可以选择标号较小的水泥来进行施工；②对水泥搅拌过程中，需要对水灰比进行严格的控制，一般情况下需要将水灰比控制在 0.52 ~ 0.55 范围内，同时还要对水泥的坍落度进行严格的把控，除此之外还需要对搅拌过程水的用量进行把控，搅拌过程水使用较多的话，则可能到时混凝土表面出现大量的气孔，坍落度也会因此增加；③在水泥搅拌的过程中，要能够在保证水泥和易性的前提下适当添加减水剂。总而言之，只有把握好混凝土施工时水泥的用量，才能够保证混凝土浇筑后其表面有着非常好的光滑和细腻程度。

模板支撑技术。模板支撑技术在现阶段的清水混凝土施工中非常的常见，也是现阶段房建工程施工中最典型的模板施工技术。在实际施工中，技术人员在使用模板支撑技术之前，需要事先建立一套完善的模板支撑系统，以此来实现技术应用的完善性。随着科学技术的发展，模板支撑技术的应用范围也变得越来越广泛，在系统构建的过程中还囊括了各种各样的混凝土组件，其中内外支撑系统以及横竖支撑系统的组建是整个模板支撑技术应用中的重要组成。在实际施工中，技术人员可以通过对穿墙硬件机械组件的运行，来实现对支撑效果进一步的优化。

清水混凝土养护技术。清水混凝土养护与一般的混凝土养护之间是有一定的差别的，为了实现对清水混凝土表面色差的控制，需要对混凝土早期的硬化时间进行严格的把控，通常情况下清水混凝土建筑物的侧模需要在 48 h 之后才能够拆除，侧模拆除之后为了避免对混凝土表面造成颜色污染，不能对其进行直接的覆盖，要使用塑料薄膜来进行覆盖保养，保养时间要达到 14 d 以上。如果清水混凝土施工完成之后，不能够对其进行及时的养护，则会由于表面水分的流失出现大量的微裂缝，影响混凝土的耐久性，因此要针对具体情况进行合理的保湿养护。

虽然清水混凝土施工技术是房建工程施工中非常重要的核心技术之一，但是我国现阶段的清水混凝土施工技术仍然存在一定的问题，当前阶段的技术水平还跟不上我国建筑行业快速发展的需求。因此在未来的发展过程中，要能够对清水混凝土施工技术进行更加深入的研究，在现有技术的基础上进行不断的优化创新，推动我国建筑行业的整体发展。

第七节　房建工程建设中的后浇带施工技术

建筑工程的快速发展难免会带来一定的质量和美观不足等问题，后浇带施工技术对于减少和避免在施工过程中出现的混凝土结构裂缝具有很大作用，且丰富了各种建筑的形态，对于房屋的整体外观具有较好的美观效果。本节通过对房建施工中后浇带施工技术进行了研究，与同行进行交流学习。

后浇带施工技术是现代房屋建筑施工中常用的一种作业工艺，大致包括三种形式，其一是后浇沉降带，其二是后浇收缩带，其三是后浇温度带，各自用来应对高等楼房和底层楼房间差别沉降、钢筋混凝土收缩产生形状变化以致温度应力减弱等问题。

一、后浇带作业对房屋建设施工的重要性

后浇带施工技术是房建施工过程中的重要组成部分，可以有效降低在房建施工过程中由于温度和时间影响下发生的变形和破坏的概率，同时又可以保证房屋建筑各部位的整体性。后浇带施工技术水平在一定程度上影响着整个建筑项目施工水平。过去的作业方式是把一幢房屋当作一个总体实施作业，作业过程中因为气温等要素的影响必定会形成一定的应力，当此应力达到一定高度后便会对整个建筑物产生一定的影响，例如变形或破坏等，一旦房屋交付使用后出现该问题，将造成无可挽回的巨大损失。

二、后浇带施工技术的应用形式和设计原则

在房建施工过程中，根据后浇带施工技术的设置原因的侧重点不同，可将其分为三种应用形式，首先是用于解决高层主楼与低层裙房间差异沉降的后浇沉降带；其次是为防止混凝土在浇筑和养护期间由于收缩应力过大导致开裂的后浇收缩带，该后浇收缩带可以使混凝土结构具有一定的收缩效应，从而避免了其对建筑物的破坏；最后是防止因温度应力过大而导致开裂的后浇温度带，该后浇温度带能够提高混凝土的自由水平，进而防止了因为气温引发的混凝土缝隙的产生。

总而言之，后浇带应用形式均是根据各种应力产生所提出的解决办法，所以在实际的设计过程中设计原则主要为应力的释放，但是应力在房建施工过程中是无处不在的，即使我们想办法解决也只能是降低与减少，所以后浇带的设计原则其次为抵抗应力，这就需要我们在房建施工前对整个建筑的结构应力数值进行详细的计算，从而获得准确地应力数值，以便于后期的后浇带的浇筑。

三、后浇带施工技术在房建施工技术中的运用

科学设置后浇带施工的宽度和间距。在房建施工中后浇带施工时，需要在施工的前期对建筑结构划分成若干个单元进行施工，但这种施工并不是随意划分的，需要对整个建筑及各个单元进行详细的数值计算，然后本着保持建筑机构完整性的原则，及现场的具体情况进行分割，具有很高的科学性。在实际的生产过程中，具体的宽度和间距是需要根据具体情况进行设计计算的，后浇带应当从受力影响不明显的位置经过（例如梁、板三分之一

跨度的地方，连梁跨中间位置），无须在同个截面上，可以弯曲前行，只要把房屋分为两部分就可以了。普通的后浇带宽度是 70 ~ 100 cm，并且后浇带处的钢筋不宜断开，但对于房屋架构跨度过大，主受力钢筋一定要实施切割处置的，应当在后续后浇带作业中实施焊接作业；后浇带的间距一般为 30 m，保留时间为 40 天，至少应为 28 天，但施工时图纸没有规定的可依据实际状况自主设计。

合理选择后浇带作业时间与端面方式。在选取后浇带作业的时间的时候，对于楼层低于二十二层的高层房屋项目而言，因为主楼作业量与裙房作业量有很大差异，假如一同施工，便会造成裙房施工完成而主楼还在施工的状况，所以具体的施工时间需要根据实际的工程量计算开工时间。后浇带的断面形式需要本着与建筑物主楼的混凝土构件端面相同的原则，如果端面形式不一致，会导致后浇带与混凝土构件接触面的载荷分布不均匀，在施工过程中将带来许多问题，例如由于受力集中导致的变形、施工后出现的直缝等问题。所以后浇带的端面形式在整个后浇带施工过程中具有重要的作用，是保证整个施工正常的必要条件。

正确选择浇筑的结构混凝土。在进行后浇带混凝土浇筑前，施工人员需要对施工的缝隙进行清理，去除杂物和积水，并对两侧的混凝土进行充分的凿毛，并涂刷足够的界面剂，清理完后在该缝隙上铺 1 层与混凝土砂浆成分一样的水泥砂浆。此外，作业人员应当管控好混凝土的施工厚度，防止混凝土浇筑完工后，造成钢丝网模板凸出的问题。同时浇筑后浇带的混凝土强度等级应比周边两侧采用的混凝土等级至少提高一级，并且必须选择收缩性为零的微膨混凝土进行拌制，最好在拌制过程中加入适量的微膨胀剂，以补偿混凝土浇筑后的收缩变形。由于膨胀剂的含量对混凝土的质量影响很大，所以要严格的控制膨胀剂的掺量，在施工拌制前应该进行配比试验。

做好后浇带保护措施。后浇带区域的周边混凝土浇筑完成后，应在后浇带的两侧设置临时挡水墙，挡水墙的高度需要高于底板的高度，并且在后浇带的区域顶部进行遮盖，需要四周用临时栏杆或物体进行围护，防止垃圾杂物掉入后浇带中，造成难以清理的后果。

四、后浇带施工质量控制

（1）要增强施工材料的管理。在进行后浇带施工过程中要对施工材料进行严格的管理控制。采购人员在进行施工材料的采购时，要对比多家供应商的材料，注重性价比。施工材料在正式应用到施工现场之前，施工单位应委派专门检查人员对于所用施工材料进行相关内容的检查，包括：材料的质量合格证、材料的出厂资格证等，同时要对施工材料进行随机取样检验质量，一旦发现材料存在质量问题及时停用，应做出特殊标记并单独存放以便后期处理。只有增强了施工材料的质量管理，才能从根本上保证后浇带的施工质量。

（2）配筋方面的管理。后浇带施工的过程中，一定要增强对于配筋的管理。当遇到梁板跨度尺寸较大的时候，一定要按照有关的标准对钢筋进行处理，将其暂时性的断开。

在混凝土完成之后可以将钢筋按照原来的标准焊接好。当遇到梁板跨度尺寸较小的时候，就不能将后浇带位置的钢筋断开。后浇带处的钢筋一定要能够承受相当程度的内力，这样可以保证在后浇带封闭之后具有足够的承载力来抵抗外部载荷。

（3）对于后浇带封闭前的管理。在后浇带正式封闭之前，相关的施工人员对于施工的载荷要进行严格的控制。在进行施工时，要将临时性的支护体系设置在后浇带两侧的位置，以防止在模具拆除的过程中发生支撑位移以及松动的情况，从而避免影响到混凝土结构的施工质量。

后浇带技术的合理设置和施工，是解决高层主楼与低层裙房间差异沉降、钢筋混凝土收缩变形相减小温度应力等问题的主要手段。改革开放以来，我国的经济水平有了突飞猛进的进步，随之使得建筑行业发展越来越迅速，随着建筑规模的不断加大，对建筑规模的整体性提出了更高的要求。为了解决该需求，房建施工中的后浇带技术应运而生，加强后浇带技术的研究，对于工程的质量水平、企业的竞争力及可持续发展具有重要的作用。在房建工程后浇带的施工中，同时要加强对工程的检查和监督管理，要保证后浇带的工程质量，进而可以保证整个工程的稳定性和安全性，后浇带施工技术的不断发展是建筑产业长久繁荣的重要保障。

第三章 房建工程监理研究

第一节 房建工程管理监理现状

房建工程是我国建筑工程重要的组成部分，房建工程建设的质量与人们的生活息息相关。我国经济不断地发展，国民素质不断地提高，人们的生活水平也得到了很大的改善，人们对于房建工程的质量也提出了更多的要求。监理对于工程建设有着不可忽视的影响力，监理能够对工程建设施工进行监督和管理，对于工程建设的质量有着积极的促进作用。但是我国监理行业也存在着很多的问题，导致其具有的特性不能全面地发挥出来，对于工程建设的质量造成了不良的影响。

建筑工程建设时间长，工程量大，同样监理工作也有着众多的环节，一旦某个环节出现问题，不仅会影响工程建设的质量，同时还有可能引发安全事故。在报纸和电视报道中经常可以看到有关建筑工程事故的报道，很多事故的发生究其根本都是监理工作不到位所导致的。监理工作不到位导致建筑事故发生，也直接地表明我国监理行业存在一定的问题，这对于我国建筑行业的发展是十分不利的。本节就是对房建工程监理现状进行分析，并且提出合理化的建议，希望能够对相关从业人员有所帮助，促进我国监理行业不断发展。

一、房建工程监理现状分析

（一）对于房建工程监理没有充分的认识

目前，我国很多房建工程施工企业对于安全施工没有准确的认知，施工企业知识重视工程建设能够获得的经济效益，对于工程建设其他方面并没有给予太多的关注，不能良好的协调生产、施工、安全三者之间的关系，对于工程建设的安全管理也只是停留在理论上，没有将安全施工完全地融入到工程建设中去。对于房建工程的监理存在着很多的不足之处，而且我国对于监理发布的相关法律法规中，对于各个单位和工程建设相关主体的责任没有明确的落实，这也就导致我国房建工程施工建设中，相互推卸责任的现象屡见不鲜。很多房建工程监理工作不能落实到位，施工单位的领导人员甚至认为监理人员只不过是多了一个管事的人，没有太多的实际作用，所以对监理工作采取忽略态度。在施工过程中常有事故发生，并且不能在第一时间对员工进行救治。

（二）监理费的收取存在问题

我国目前监理企业对于监理费用的定额与我国国家规范的标准有很大的差距，因为监理市场竞争是十分激烈的，很多监理企业依靠减少收取费用而提升企业自身的市场竞争力。举一个较为简单的例子，两个监理企业在对一个监理项目进行竞争时，某一监理企业会主动地减少监理的收取费用，以低价格的优势最终获得承包权。而且一些业主认为监理费用的支出，必定会对自身的经济效益造成影响，所以就不断地对监理费用进行缩减，这样监理工作的地位很低，对于监理工作的落实有着十分不利的影响。而且我国物价部门和建筑管理部门对于监理费用的收取，还没有建立和健全有效的监督管理机制，对于监理行业故意压价的恶意竞争没有进行调节。

（三）监理人员的综合素质不高

我国很多房建工程施工企业，只是重视降低工程建设的成本，为企业获得更多的经济效益，但是对于施工安全管理人员的培训工作并没有给予太多的关注，存在着较多的缺陷。在房建工程施工过程中，监理人员必须要按照相关的制度规定进行监理工作的落实。工程建设监督管理工作对于任职人员有着特殊的需求，所以对于监理工作的开展必须要根据房建工程的实际特点，创建有效的、科学的、全面的监管体系。工程建设监督管理人员必须要深入到工程建设实际中去，成为工程项目建设的参与者，将监理工作具有的特点全面地发挥出来，对工程建设的全过程进行有效的监督，一旦发展房建工程施工中存在任何问题，必须要及时地找寻有效的改善措施，对出现的不良问题进行调整，避免对工程建设的经济效益和社会效益造成不良影响。

二、房建工程监理工作的策略探讨

（一）整顿监理市场

我国工程建设管理部门必须要对监理市场进行规范，对于监理资质的审批必须要严格，对于实力不足的小型监理企业要禁止其加入到监理市场竞争中去。对于整个建筑市场都要全面落实审批审核制度，使得国建筑市场实现规范化管理，我国相关部门需要不断加强对于建筑市场的宏观调控力度。建筑市场中包含的主体很多，其中包括设计单位、开发单位、施工单位、监理单位，其中开发单位属于市场的优势地位。在对监理费用的收取金额交涉过程中，监理单位属于弱势的一方，这也是导致我国监理费用过低的重要因素。在实现我国建筑市场科学化、规范化管理过程中，对于监理行业要进行全面的调整，将资质不达标或者是依据挂靠存在的监理单位进行清除，真正地实现监理行业的规范化管理。

（二）建立行业的诚信机制

监理行业诚信机制的建立是非常重要的，这样才能够对我国监理行业的发展减少更多的成本投入，为我国监理行业的健康发展创建一个良好的行业循环系统。同时，我国相关部门还需要对各项法律法规进行完善，将我国的监理行业推向可持续发展道路上。首先就是我国监理企业诚信机制的建立和完善，依据法律对企业内部进行监管，对诚信实行备案管理制度，要我国建立行业处于一个诚信竞争的环境中。其次，对于监理工作人员也要进行诚信记录，尽可能地避免因为监理人员个人诚信因素对监理行业带来不良的影响。

（三）充分发挥人在监理过程中的巨大作用

在房建工程监理工作落实过程中，一定要明确房建工程施工现场管理的根本，就是人与人以及人与物之间组合。所以，需要不断地提升工程建设全体参与人员的素质。为了保证工程的建设能够达到既定的标准，必须要创建一个综合素质较高的施工队伍，同时还需要达到监理人员能力过硬，技术人员的素质较高。但是一支高素质的施工队伍的建立并不是那么简单的，需要依据项目经理的工作责任还有监理工作的目的为重心，对于施工人员必须要落实执证上岗的制度，同时还有配置综合素质较高的管理人员，对于人员的培训工作也不能存在任何松懈，将人在工程项目监理过程中的巨大作用全面地发挥出来。

结语：在房建工程施工过程中，监理工作时环环相扣的，如果其中的某一环节出现问题，会对整个监理工作造成极其不良的影响，对于我国房建工程建设的质量和进度也会造成极其不良的影响。监理对于我国房建工程建设有着不可忽视的影响力，只有不断认识监理工作的重要性，加强对监理工作的控制力度，这样才能够不断促进我国建筑行业的发展。

第二节　房建工程中安全控制的监理

本节分析现阶段我国房建工作建设的基本情况，可知工程作业期间受到多种因素影响，非常容易出现施工安全事故，所以需要施工单位在常规的施工现场安全管理基础上，积极配合监理机构开展房建工程施工安全监理工作，及时发现工程施工期间存在的安全隐患，继而尽快采取措施加以干预，确保房建工程可以在安全的环境下进行施工，这样安全事故率可以显著下降。基于此，文章对房建工程的安全控制监理的重要性进行了分析，并提出了几方面做好工程施工安全控制监理工作的措施。

研究我国当前施工建造的诸多房建工程，发现这些工程作业时的安全事故率非常高，所以需要工程建设双方高度重视工程安全控制管理工作。其中，施工单位需要做好施工现场安全管理工作，而发包方则要在市场中选择具有较强房建工程安全控制监理工作经验与能力的监理机构，负责完成工程建设全过程的安全监理工作，从而在多管齐下的基础上，提升房建工程作业的安全性，避免发生施工人员及房屋使用者的人身、财产安全事故。

一、房建工程中安全控制监理的重要性

房建工程作业期间开展的安全控制监理工作非常重要，要求施工单位及发包方可以充分认识到此项工作的重要作用，进而可以在后续的房建工程作业期间，有效完成工程安全控制监理工作，促使工程监理的价值有效发挥出来，确保工程作业的安全性。具体分析安全控制监理工作在房建工程作业期间的价值，可知主要包括以下几点：首先，增强工程施工人员的安全意识，确保作业人员的人身安全，当前从事房建工程施工的诸多施工人员的安全意识较为薄弱，使得这些人员在具体施工期间没有对引发施工安全事故的相关因素加强关注，也没有佩戴好作业安全防护器具，从而导致工程作业事故频繁发生，所以通过安全控制监理工作，便可以对施工人员的该意识进行有效提升，使其可以在工程建设中将自身安全放在工程作业的首要位置，避免发生安全事故。其次，有助于施工单位做好工程施工现场的安全风险控制，提升工程建设质量及降低成本，通过安全控制监理工作可以对工程施工现场的安全性，参考相关标准与要求进行严格检查，而且可对导致安全事故发生的机械设备、防护网等质量进行核查，从而能够保证施工现场作业环境的安全性高，避免发生相关安全事故所致的房建工程施工停摆、施工人员伤亡、成本增加、进度延误等情况，使得工程项目可以在既定的时间内安全的施工建设完成。

二、房建工程中安全控制监理工作的方法

建立健全施工安全控制监理工作机制与安全生产责任制。首先，在安全控制监理机制方面。由于以往房建工程作业期间应用的监理工作机制制定时间较为久远，其中包含的很多内容与当前实际的工程建设安全控制监理工作存在着矛盾之处，所以需要施工单位与监理机构一同进行新型监理工作机制的制定，要求在新的工作制度中对于工程安全控制监理的范围、内容、标准及常见安全问题、处理方法等作出明确的说明，以此指导监理人员可以在之后开展的工程安全控制监理工作中，依照工作机制中说明的内容，有条不紊地进行安全监理工作，不会出现监理遗漏之处，促使工程建设时存在的问题能够被及时发现并被有效处理，房建工作作业现场环境的安全性可以大幅度的提高。

其次，在安全生产责任制方面。该制度中对于施工工序、设备操作方法及安全生产规章制度等内容进行了详细说明，以此可指导房建施工人员能够正确操作相关机械设备、依照既定的作业流程安全的开展工程施工工作，如果在作业期间出现施工人员违规操作情况，监理人员可以依照制度内容及时指出施工人员操作不当之处，继而指导其尽快改正；如果

施工人员存在非常严重的施工不到位的情况，监理人员可与施工人员及施工项目的负责人沟通后，予以施工人员追责处理，从而促使施工人员可以按照安全生产的要求做好施工工作；如果监理人员提醒施工人员要规范化的施工，但是施工人员仍然我行我素，继续出现按照自己的思路与方法进行工程施工的情况，监理人员可以勒令这些施工人员停止施工，之后由房建工程项目的技术人员对于施工人员作以安全施工规范、起重机及脚手架安全操作要求等内容的宣讲，待结束学习活动后，技术人员可以对这些施工人员进行施工能力考察，通过者方可上岗继续进行施工工作，从而保证工程可以安全施工；监理人员还需要依照安全生产责任制的内容，对施工人员每天进入施工现场时的安全防护器具的佩戴情况进行检查，如果施工人员佩戴较为随意或者不佩戴，则不允许其进入施工现场进行施工。

重视工程建设现场的安全控制监理。事前，监理人员可定期向全体作业人员进行安全施工意识、方法等内容的介绍，并对一些特种作业人员，严格作以施工资质的审核，杜绝缺乏安全意识、不按照要求佩戴安全器具的施工人员进入作业现场进行工程施工；监理人员每天对作业现场的安全防护网、安全警示牌的布设情况及进出作业现场人员安全帽、高空作业人员安全锁扣佩戴情况进行检查，如果在日常巡检中检出上述问题，责令施工单位进行安全整改，并严加管理工程作业人员的安全防护措施应用情况。事中，施工期间监理人员可对一些常见的导致工程作业安全事故的因素进行控制，不定期地对施工人员的安全作业情况、施工设备操作情况及作业现场脚手架、防护网搭建质量进行检查，为员工施工工作的有效开展提供保障；找寻与房建工程施工相关的安全事故，进行经验与教训的总结，不定期的召集施工人员进行相关经验教训的有效学习，确保施工人员可以在作业期间严格按照安全施工的标准，进行规范化的工程施工。事后，如果在施工期间发生安全事故，要求监理人员与管理人员共同应用房建工程安全事故应急机制进行事故的有效处理，第一时间联系救援机构进行作业现场伤亡员工的抢救，之后再处理作业现场，如果现场受破坏严重，则立刻停工进行现场处理；如果现场受损程度轻，并没有人员伤亡，已经制定详细且有效的处理方案，则可以继续进行工程作业。

做好施工现场危险源预测与控制管理。监理人员可就房建工程以往施工建造时发生的安全事故，准确把握施工危险源，之后可在施工中从物体不安全状态、人为不安全行为两个角度，对于危险源的危险性进行重点监控处理，并且依照严重、一般、不严重三项等级进行危险程度的评估，最终综合作业现场的具体施工情况，依照不同等级依次进行危险源的控制管理。一般情况下，此类工程施工期间，用电为常见的安全事故隐患，这就要求监理人员可对房建工程施工中的用电施工全过程严加管理，一旦发现施工人员存在违规操作的行为或者出现供配电线路、设备运行异常情况，需要监理人员及时进行员工安全用电行为的指导，并且联系工程技术人员对于用电设备及电线进行安全运行的检查，确定没有问题后，再让施工人员进行工程施工作业。

房建工程作业期间，针对高发生率的安全事故，需要监理机构对工程施工全程的基本情况加强监督管理，以便可以透过强有力的监理手段，找出工程施工期间的相关安全隐患，以此采取有效手段进行隐患处理，从而构建一个安全的工程作业及房屋使用环境，有效增强房建工程的安全性，确保建筑物在投入应用后有着较长的使用寿命。

第三节　房建工程中的施工质量监理

建筑工程是国民经济发展的支柱产业，而房屋建筑工程的质量直接关系到人们的生命财产安全，但由于受到诸多外界因素的影响，房屋建筑工程在实际施工中存在较大的质量问题，对人们的生命财产安全构成严重威胁。这种情况下，建筑工程监理部门应加强对房建工程的管理和监督，通过多种有效途径完善其中存在的不足之处，以提高房建工程质量的可靠性。本节首先阐述了房建工程施工中加强监理工作的意义，且在基础上对房建工程施工中监理工作存在的问题进行分析，并提出相应的完善措施，旨在提高房建工程的施工质量和水平。

随着我国城市化进程的不断加快，房建工程的规模不断扩大、数量不断增加，对我国社会经济发展起到一定的推动作用，也为人们的基本生活提供了有力保障。但在房建工程实际施工中，诸多因素会对工程施工质量和安全产生影响，不利于保障广大人民群众的基本利益和财产安全。因此，应加强完善房建工程的监理工作，提高监理人员的综合素养，从而为提高房建工程施工质量奠定坚实的基础。

一、房建工程中完善监理工作的意义

房建工程是一项综合性较强的工程，在实际施工中需投入较多的人力、物力及财力，而监理工作的开展需要花费大量精力，要求具备专业的人才队伍，为监理工作的顺利开展奠定坚实的基础。随着社会经济的快速发展，房建工程施工规模不断扩大，工程建设所需的材料、设备和资金等数量不断增加，为了从根本上保障房建工程的质量，应通过多种有效途径完善工程监理工作，确保工程进度，促使房建工程施工能够保质保量地完成。另外，做好房建工程的监理工作对保障人民的财产生命安全具有重要意义，同时也有利于促进社会经济的发展。

二、房建工程施工中监理存在的问题

（1）工程监理机制不完善。在工程实际施工中，由于缺乏完善的监理机制，在施工交底工作中极易出现安全隐患，且未能在第一时间内采取有效措施予以解决，不利于保障房建工程的施工质量。

（2）监理工作独立性不够。在房建工程施工中，监理部门需安排专业人员深入施工现场开展质量监理工作，这就导致工程监理工作的开展会受到政府与建筑单位的影响，在监理工作实际落实的过程中，必然会听取政府与建筑单位的意见和观点，限制了监理部门职能的发挥，大大降低了监理工作的效率和质量。

（3）监理工作落实不到位。在工程招投标、施工图纸设计过程中，由于监理工作落实不到位，极易在这些环节中出现安全隐患，不利于保障后续工程的施工质量。同时在监理工作中，由于缺乏有效的监理手段，整体监理水平较低，对整个工程质量造成不利影响。另外，当前我国房建工程监理工作的开展主要是利用人工操作，主要由人对监理问题进行记录与反馈，一旦出现书写错误，则会影响到工程后续监理工作的开展，无法取得良好的监理效果。

（4）监理人员的综合素质低。目前，房建工程监理人员的专业知识不足、能力有限，大部分监理人员是无证上岗，且工作经验不足，不利于工程监理工作的顺利开展。另外，部分监理人员在实际工作中注重自身利益的获取，而忽视了自身所处岗位的重要性，综合素质水平偏低。

三、完善房建工程施工监理的措施

强化施工前的监理工作。为了从根本上保障房建工程施工质量，应预先对工程施工所需的材料、机械设备的质量进行检验，采用抽样检查的方式，不允许质量不合格的材料进入施工现场，为保障后续施工质量奠定基础。另外，应加强对施工设计图纸的检查管理，确保施工图纸和实际工程相符，重点监察工程中的一些重要环节和位置，并针对其中存在的问题及时采取措施予以解决，真正将工程质量监理工作落实到位。

完善工程质量监理体系。建立健全工程监理体系是保障房建工程施工质量的主要基础，以获得良好的工程监理效果。对房建工程施工相关的法律制度进行完善，确保监理工作在实际开展过程中能有法可依，一旦出现安全问题或事故，应及时采取法律手段予以解决。对工程施工质量检测制度进行完善，结合相关施工标准，对工程各个施工环节的质量进行检测，并针对其中存在的问题采取有效措施予以纠正及完善，防止在后续工程施工埋下安全隐患。另外，在工程实际使用中，应对每位监理人员的职责及工作内容进行明确，要求监理人员按照标准规定做好工程资料的收集与整理工作，并安排专业人员进行管理，确保监理工作的有序开展。

加强各部门之间的交流。在开展监理工作前，监理部门人员应与建筑施工单位进行交流与沟通，阐明自己针对工程实际情况所制定的方案与计划，在双方共同商讨后，选择符合工程实际的监理方案，以确保监理工作的有效开展。同时，在监理工作落实的过程中，工程施工人员、技术人员及监理人员应多进行沟通与交流，针对其在工作中发现的问题进行探讨，商讨出最佳的解决方案，确保工程施工进度，对保障工程施工质量起着重要作用。

强化施工过程中的监理工作。监理工作是贯穿于工程施工全过程的，而施工过程是整个工程中最易出现问题的环节，因此，加强施工过程中的监理工作是极为必要的。①监理人员应深入施工现场对各个施工环节进行监理，了解工程的实时变化情况，同时在监理工作开始前，预先了解工程施工图纸，结合图纸对工程实际情况进行比对分析，及时发现其中存在的问题，并做好记录工作，严格要求施工单位进行整改；②监理人员应与施工人员多进行交流与沟通，使其意识到自身所处岗位在工程建设中的重要性，明确自身职责，做好本职工作；③房建工程施工中结构复杂、工艺烦琐的部位较多，监理人员应重点检查这些部位，消除工程施工中的隐蔽安全隐患，避免对工程施工整体质量造成影响。另外，在工程实际施工中，监理人员应定期对工程材料和机械设备进行质量检查，防止机械设备在长期使用过程中存在安全隐患；④根据工程施工的实际情况，定期举行一些针对性会议，对工程施工的进度及质量等问题进行探讨，以寻找出最佳的施工方案或措施，提高房建工程施工的效率和质量。

强化工程竣工的监理工作。加强对房建工程竣工的监理也是极为重要的，对工程进行全面检查与检修，以确保工程质量。建筑单位在验收工程的过程中，监理部门应起到协助作用，根据施工图纸对工程的内部构造及外观进行检验，并对相关资料进行审阅，在确保检验合格后，再签字确认，若不合格，应严格要求施工单位进行整改，并监督其做好相关资料的整理工作，在工程整改后签署竣工报告和质量评估报告。

提高监理人员的综合素质。监理部门应加强对监理人员的教育培训，促使其积极学习新知识、新技术，不断提高自身的监理技能；同时，提高自身的学习能力，在工作之余积极学习房建工程的相关知识，熟练掌握相关的操作程序和技能，不断提高自身的监理效率和质量。另外，监理人员应具备较高的责任感和使命感，将房建工程的监理工作放在首要位置，加强工程质量监理，以保障人民的生命财产安全。

综上所述，加强房建工程的监理对保障人民生命财产安全具有重要意义，通过提高监理人员的综合素质、建立健全工程质量监理体系、强化工程全过程的监理工作等措施，加强对房建工程各个施工环节的全面监理，从根本上保障房建工程质量，实现建筑行业的稳定、持续发展。

第四节　高层钢结构房建工程的监理

防火涂料的监理是高层钢结构监理工作的重要内容。钢结构涂刷前，涂刷的构件表面不得有焊渣、油污、水和毛刺等异物，涂刷遍数和厚度应符合设计要求。涂刷时，应全方位熟悉防火标准、涂料性能，把握施工时机，必要时，应去涂料厂考察，对于涂料的检验报告、进场复试不可漠然待之。

高层钢结构监理工作是保障高层钢结构房建质量的关键手段。秉承“细致、严谨、全面、务实”的原则，把控现场，注重细节，参考书面依据，结合实际情况，做好高层钢结构房建工程的监理工作。

一、与其他工程监理工作的不同之处

由于钢住宅一般为专用构件，往往要到工厂预定再生产，所以，钢构工程有 2 个施工现场，即钢结构加工现场和钢结构安装现场。钢结构工程必须要有加工图设计阶段（即样图设计），由施工单位负责，并报设计院认可。

二、做好对设计内容的监理管控

优先选用国产材料，做好原材料检验。在条件许可的情况下，监理单位应尽早介入项目管理工作，在设计方案的讨论中，在满足性能要求的前提下应优先考虑选用国产材料。

由于认识上的误区，有些人认为进口材料的质量远远高于国产材料，于是在材料的选择上，总是热衷并偏向于进口材料。众所周知，进口材料的成本高于国产材料，所以选择进口材料的钢结构工程的投资造价往往较高，本着缩减成本的原则，在保证材料质量的基础上建议选用国产材料，可以大大降低投资，节约开支，提高企业的经济效益，从而提高经济效益是每个企业投身工程建设的目的和初衷。

进行原材料检验侧重点如下：钢结构用材尤其是有特殊要求的钢材应特别注意，对可焊性、受力性能有特别要求的，应增加化学元素分析、z 向性能检测内容；不同结构的用材，对碳含量要求不同，要予以关注，以免影响加工和使用。做好原材料检验是监理工作的必要之举，而有的放矢地进行材料检测更是崇尚科学、科学至上的基本体现，也是加强高层钢结构房建工程监理工作亘古不变、行之高效、用之务实的真理。

学习标准规范，亲临施工现场。认真学习领会国家《工程建设标准强制性条文》钢结构设计部分的有关内容，监理前应全面熟悉图纸、熟悉现场，现场做好钢结构与其他专业的衔接和配合，尤其是技术复核，并对存在的问题及时协调、及早解决。

亲临施工现场是监理人的本职工作，也是一个监理人应具备的行业素养。而亲赴工地的前提便是对施工图纸的全盘把握，只有熟记施工图纸，做足准备，才有底气、有信心做好钢结构的相关监理事务，取得监理工作的零失误、大圆满。

调整构件尺寸，精益求精，科学处理。在检查钢构件的施工图纸时，应考虑施工现场吊装机械的吊装能力与交通条件，适当调整不合适的构件尺寸，以满足要求，并为工厂加工构件确定准确的下料拼装尺寸。

钢结构工程操作起来相对不易，因为钢结构太笨重，这也从另一个角度说明钢结构房屋在建设中多危险、多意外，稍有大意，则会发生安全事故。这时，监理工程师要注意现场安全，要以一个监理人胆大、心细的魄力和定力找出隐忧之处，并现场快速、科学地处理，精益求精，做好监理。

加工单位的深化设计能力至关重要。监理单位在对钢结构加工制造厂家进行招标考察时，要将深化设计能力作为一条重要标准，加工单位在深化设计样图完成后，要经本工程的设计单位确认后，方可加工制作进行生产。另外，为了加快工程进度，监理单位应建议加工厂单位在设计样图的同时便定购钢材，以便样图审批完成后进行生产。

三、现场施工阶段是工程监理的关键时期

先重后轻，依次装车，确保钢材万无一失且无一受损。另外，对于特殊材料，要做到特殊保护，保证不出一丝一毫的差错或失误。放置钢材的地方要平坦，摆放要有序，不能因挤压太过而造成钢材还未使用就受损变形。安装前，重点做好焊接、变形等步骤的监理工作。

钢结构工程施工难度相对较大，施工忌讳一定规避，注意事项一定牢记，细节处理不能大意，薄弱部位的监理一定要慎之又慎，对于所有施工材料的监理，毫无例外都要周全缜密，哪怕是一块钢板、一个钢钉，也不能忽略不计，要用心把控其尺寸，仔细测量其硬度，精准甄别，做到钢材数据零失误。

四、吊装不易，安全为首；稳扎稳打，强化监理

科学设置吊点。为了保证安装无误，对于长度突出的构件，应科学地设置吊点，必要时，设置多个吊点或设置钢槽支撑，以免其变形。同时，出了安全考虑，要慢慢起吊，小心平移，从而使安装后的空间结构坚不可摧。

要对某些钢柱的安装监理到位。安装过程中，要对某些钢柱的安装监理到位，精准把控其垂直度，保证不差毫厘。

钢柱的安装达标，牵涉钢结构工程的房屋平稳不倾斜，如果因施工粗心大意而引起施工质量问题，那么将会导致很严重的不良后果。因为对于高层钢结构工程房屋建设来说，失之毫厘，谬以千里，这种悬殊如此之大的失误，相信会给建筑人带来警示。为了给人们呈现放心房、安心房，作为监理人，一定要心系责任，心存担当，矢志不渝，竭尽心力，做好钢柱的质量监理。

切勿肆意更改吊装顺序、推翻吊装方案。当然，并不是说计划方案、施工顺序无论如何都不能更改，这样也不妥。当吊装方案、吊装顺序确实与施工现场有冲突或不和谐时，就一定要顺应趋势，严加管控，在监理人员的见证、协调、周旋下，多方理性沟通，审时度势，科学应对，积极解决，严肃处理。钢结构工程，尤其是高层钢结构工程房屋建设，每一关都涉及质量的优劣，每一环都会造成较大的影响，每一步都会辐射与其衔接或间接相连的工序的施工效果，所以在吊装时要全神贯注，监理时要留神堤防，要注意所有已显

露出的或未显露出的差错、偏移、隐患，然后与其他参建方一起致力于吊装工作的顺利完成。

五、重视吊装后的技术检验，控制误差

吊装工作初步完成后，围绕安装偏差进行技术复核；吊装结束后，集中检查受力焊缝的质量，同时检查高强螺栓是否处于拧紧状态。

六、注意细节

为了使工程造价的控制更加合理、更加直接，监理人员要本着负责、敬业态度，在设计之初就应介入其中，通过对材料的预算把控，迈好监理第一步。令监理人引以为傲的是，我国研制生产出的厚度方向性能钢质量丝毫不亚于进口产品，而且在价格上占有优势，这种天时、地利、人和的状况，利于高层钢结构房建工程的质量好上加好，也促使监理工作的成效高之又高。如此共赢的双丰收局面，是建筑人注重科学，勤于创新的和谐利好之举。

不放过所有与质量相关的细枝末节、点点滴滴。

高层钢结构工程的房屋建设是无数建筑人的辛苦结晶，是凝聚各方智慧的成果，监理作为自始至终、从头到尾都参与其中的重要构成，无时无刻不在发挥着其不可或缺的监管作用，监理人应当随时随地保持高度警惕，不放过所有和质量相关的任何细节。监理是房屋建设中省略不掉的部分，监理工程师是工程施工中必不可少的核心要职。

吊装随性而为、吊装计划方案彻底打乱，这是工程建设尤其是房屋建设中的一大禁忌。暂且不说这些施工顺序是几代建筑人精心总结的建设经验，科学性、有效性不容置疑，施工计划方案则是设计人员经过步步调查、层层筛选、关关比对、统筹兼顾的抉择，是确保工程保质、高效运行的客观定夺。就临阵更改的行为来说，十分仓促，难免考虑不周，存在风险，会给事后使用期的房屋质量带来隐患。

总之，由于其节能环保且基础造价少、面积使用率高，同时抗震、抗风性能强，能避免建筑物的倒塌性破坏，加之自重轻，施工速度快，高层钢结构越发受市场欢迎，高层钢结构房建工程的监理也更为重要。

第五节　房建工程监理资料管理的重要性

本节首先简要介绍了建筑工程文件，进而对房建工程的监理资料管理在房建工程中的重要性进行了阐述，指出了房建工程监理资料现存的一些问题，并针对这些问题提出了几点解决方案，希望能为企业在房建工程监理资料管理方面提供帮助。

在开展房建工程时，项目监理组会对工程项目进行监理，期间会产生庞杂的工程房建监理资料，这些资料就是工程房建工作的记录，详细、真实、全面。监理工作的基础便是监理资料的管理工作，监理资料管理工作水平的提高又是靠着相关管理人员的工作能力实现、靠工程项目监理组的管理能力实现。当今世界科技水平的迅速发展，信息资料管理的功效不言而喻。企业要在发展过程中不断总结工程项目监理资料管理的实践经验。

一、房建工程的监理资料管理的重要性

建筑工程文件概述。关于形成建筑工程资料，我国有相关法律法规对其进行明确的规定，要求在工程建设的过程中，对工程开展的准备文件、实际的施工文件、最终的竣工图和监理文件等等都要有明确而且详细的信息记录。建筑工程项目就靠这些信息记录来描述，这些信息就是工程管理与建设的坚实的理论依据，能大大助力整个建筑行业的规范化管理。房建工程的监理资料最终形成纸质版一份、电子版一份，以防丢失。随着网络及信息化技术的发展，越来越多行业与工程应用电子档案进行资料的保管，房建工程可以很好地运用电子资料来进行监理资料管理。

房建工程的监理资料管理的特点。审核工程准备资料是监理工作中的一个重要的环节，不仅是立项、招标、审批等文件，还要审核建筑设计活动的图纸。工作进行过程中产生的很多文件都应该被妥善管理。为了达到工程目标管理的目的，为了使施工结果尽可能地满足合同与设计要求，为了保证房建工程的质量、安全、造价控制与进度，就要坚实保障房建工程的监理资料管理的真实有效性，使其可追溯、有极大的使用价值。而真实性与全面性也是房建工程监理资料管理需要达到的要求。这就需要在工程建设的过程中，严格根据工程实际状况进行真实记录，保证数据准确、有效、可靠，提高利用价值。而监理资料的全面性就是要做到完整记录，为工程检验、评估和结算、调处合同争议提供扎实依据。此外，房建工程的监理资料也应该和施工的过程保持一致性、做到同步，兼顾实效性、继承性与到期复杂性，安排专业人员对其进行管理，使房建工程的监理资料管理更加规范。

二、房建工程的监理资料管理的现存问题

房建工程的监理资料信息不够完善。现存在着因为对房建工程的监理资料管理不够专业和规范而出现信息不完善、不准确的问题。因为很多地方的资料管理部门不重视对资料的保管，长期不进行归档更新，工程信息因此相对于现有的监理工作制度有严重的滞后性，甚至有错误信息的存在。另外，目前的房建工程的监理资料过分地把关注点放在成果性的记录上，这样就不善于工程资料管理的开展，没有很好地注意资料收集的时效性，很多工作人员会在工作过程中敷衍了事、甚至造假，使得房建工程的监理资料管理的意义荡然无存。但是近几年来，信息化改革在逐渐深入，越来越多的建筑工程企业开始重视起房建工程的监理资料的管理问题，传统方式在新时代背景下显得十分落后、不能满足需求。房建

工程的监理资料管理若是不能对工程变更的材料及时更新，企业就难以合理判断工程现有实施进度水平和今后的工作方向。与此同时，房建工程的监理资料管理上另一个很大的问题就是无法判别信息的真伪，致使很多信息变成了无效信息、甚至是虚假信息，这样一来，企业的管理资源就被浪费、无法发挥其实际的效用，工程双方很可能在工程竣工后发生很大的冲突和矛盾。同时，还会存在人工对房建工程的监理资料操作失当的地方，很多资料管理人员并不按照规定的操作对房建工程的监理资料进行填写，导致建立信息杂乱无章，信息不一致，更有因为管理不善而丢失房建工程的监理资料的情况，工程的管理隐患大大增加。

相关从业人员的专业水平不高。造成房建工程的监理资料杂乱无章有两个根本原因：房建工程的监理资料管理人员专业水平有很大差距。对于房建工程的监理资料重视不够、没有设专门部门进行管理工作。一方面，房建工程的监理资料对于从业者的政治素养和专业素养有很高的要求，面对同样的工作有很高的规范性。但是很多的建筑企业没有安排专业的房建工程的监理资料管理者来管理资料，而是随便采用非专业人员，这些所谓的房建工程的监理资料管理员多是兼职，仅仅只对资料进行简单的分类存档，没有专业知识，上岗也不经过培训，自然对于房建工程的监理资料管理规范很陌生，无法处理好资料的管理工作。这反映了建筑企业并没有足够重视房建工程的监理资料管理，一些地方甚至不设有独立的房建工程的监理资料管理部门，随便把库房就当作房建工程的监理资料管理部门办公室。然而，这样的条件自然满足不了房建工程的监理资料存放的要求，难免会信息丢失，企严重影响着业和部门的发展。

房建工程的监理资料记录的信息有滞后性。当今信息技术不断发展，我国紧随时代浪潮，逐渐发展信息化社会，房建工程的监理资料自然应该紧跟时代变化，进行信息化改革。房建工程的监理资料管理信息化会有效减缓信息的失效。然而有一个仍然不可忽略的问题便是很多企业的软硬件设施落后，现代化房建工程的监理资料管理系统不能被顺利构建。目前，国内关于房建工程的监理资料信息电子化服务发展并没有很大的提高，还停留在摸索的阶段还有一定的进步空间。这就要求相关的工作人员不断提高自身业务能力水平，推动房建工程的监理资料电子化的发展。

三、针对房建工程的监理资料管理的问题的建议

规范房建工程的监理资料管理制度。首先，房建工程企业要对于员工进行严格约束，要求管理人员按照房建工程的监理资料管理的相关法律法规对资料进行认真管理，有了这样的基础，企业可以结合实际情况，从自身实际需求出发，建立一套属于自己企业的完整的房建工程的监理资料管理规章制度，让房建工程的监理资料管理更加规范。其次，房建工程的监理资料管理从业人员也应该主动提升自身的业务水平，不断学习专业技能，严格执行公司的规定和国家相关法律法规，面对工程中涉及的所有的监理信息做好记录、归档、

分类、保存等工作，规范房建工程的监理资料存档工作，保证信息的全面性、准确性。

完善房建工程的监理资料管理设施。房建工程的监理资料专门的资料室对于每个企业来说都必不可少，需要引起重视企业高度重视、加大投资力度，同时配备齐全的硬件资源，保证资料保存的完整性。企业资料室内要注意防尘、防虫、防光、防有害气体。明确硬件资源的设备配备水平很大程度上决定了一个企业房建工程的监理资料的管理水平是否合格；明确资料室的规范化管理是由企业中每一个人决定的，企业要想获得更大的收益就要对资源进行合理的配置。

房建工程往往耗时长、操作复杂、期间产生的监理资料也很庞杂，涉及各个领域。这样的特殊情况就需要有相关的工作人员对其进行耐心的管理，要求有关人员专业知识基础扎实、面对管理工作一丝不苟、严谨负责。房建工程的监理资料管理又对工程起着决定性作用，现存问题亟待解决，企业要在时代背景下建立完善制度，做好资料管理，在房建工程市场提升企业竞争力。

第六节　房建工程监理现场的质量管理要点

在经济发展的带动下，我国建筑行业得到了飞速的发展，社会各界对于建筑工程的质量也有了更高的要求。然而房屋建筑工程近几年来的质量问题愈来愈严重，安全事故发生的频率也在不断增加，对人们的生命与财产安全产生了很大的威胁，因此应在房屋质量安全控制的基础上，将现场监理的重要作用充分地发挥出来，按照施工规范严格的开展各项工作，加强技术指导。文章以房建工程监理现场质量管理为切入点进行了研究分析，以期对于我国房屋建筑工程的相关工作能够提供一定的建议与参考，最终能够推动我国建筑行业的健康长效发展。

房屋建筑质量与人们的工作生活有着十分密切的联系，我国城市化的进程在不断地加快，人们生活质量在提升的同时，对于房屋建筑工程质量的关注度也愈来愈高。近年来，因房屋质量而引发的各类安全事故越来越多，很多居民楼出现沉降、坍塌等事故，严重威胁到了人们的生命和财产安全，这类安全事故应对施工单位起到警醒作用，在施工建设过程中，将现场监理的作用充分发挥出来，为房建工程的质量安全提供有效的保证。

一、房建工程监理现场质量管理的必要性

监理是房屋建筑工程质量监管的一项重要工作。房建工程质量管理以制定资源配置计划以及行动方案的方式达到一定的质量目标。建筑企业应对工程质量引起高度的重视，同时还应针对质量问题制定相关的机制，构建科学的质量体系。建筑工程是社会及城市经济

发展的基础条件，和人们的工作与生活联系十分密切。因此，我们必须对质量管理的重要性形成正确的认识，促进工程质量水平的不断提升。只有将质量管理工作落实到位，全面提高工程质量管理的有效性，房屋建筑工程才能更好地满足社会发展需求。因此必须将工程的质量管理工作做好，抓好施工建设工作中所有环节。对监理的规划以及细则进行精心编制，把好质量关，确保现场监理人员能够明确意图。还应将工程项目施工过程的质量控制监理工作落实到位，督促施工企业对质量管理工作的落实情况进行检查，避免给工程留下安全隐患。最后要将工程的验收工作抓好，全面检查工程的完成质量。

二、房屋建筑工程监理现场质量管理的重要作用

有利于提升房屋建筑工程的施工质量。相关的监理人员在工作中，需要对房屋建筑工程施工现场的实际情况全面的了解，在监理中，需要反复检查一些已经完工的部分，一旦发现施工中有问题存在，就需要及时进行处理，通过检查的方式，为房屋建筑工程的质量提供有效的保证。

此外，监理人员还需要站在第三者的观察角度，以便于更好地找出施工过程中存在的问题，这对于房屋建筑工程质量的提升有着积极的推动作用。另外，监理人员还需要将检查的结果以及承包商递交的报检申请作为依据，对房屋建筑工程再次进行检查。一旦检查过程中出现问题，则应立即进行整改，确保房屋建筑工程的施工能够一直处在被监督的状态，从而为房屋建筑工程的整体质量提供有力的保障。

有利于发挥出监理质量的管理职能。监理人员需要进行现场质量管理，及时发现和解决房屋建筑工程施工过程中存在的各种问题，从而为工程的质量与进度提供有效的保证。对于房屋建筑工程的施工工艺以及关键环节，需要以采取现场质量管理的方式，对其进行反复的检查和确认，现场质量管理赋予监理职能的充分发挥有着十分积极的作用。

有利于施工材料管理工作的开展。对于房屋建筑工程而言，施工材料对其整体质量有着直接的影响。通过现场监理工作的开展，能够对进入施工现场的所有工程材料以及构建进行及时的审核，根据相关规定对材料进行严格的抽检。房屋建筑工程施工监理现场质量管理的开展，能够将不符合规定的施工材料及时清退，从而有效的排除工程的质量隐患。

三、房屋建筑工程监理现场质量管理的强化策略

（1）构建房建工程质量监管制度。房屋建筑工程质量监管机制在责任与法律层面进行了明确的规定，这样在具体的施工过程中，无论是管理人员还是基层的施工人员，都能快速对房屋建筑工程所有环节进行科学的衔接，确保施工中所有细节的质量。在责任机制的约束下，就必须以严谨的态度对待施工建设的所有环节，保证施工建设的顺利开展。

（2）对建设材料的选择进行鉴定和抽查。对于房屋建筑工程而言，施工材料的质量对于工程整体质量的影响是直接的，这就需要监理人员对施工材料加强监督管理的力度，

避免因施工材料问题而影响到房屋建筑工程的整体质量。在采购施工材料的过程中，应选择信誉较高、规模较大的材料供应商进行合作，监理人员应及时跟进相关的工作，确保材料质量达标后才能进入施工现场。此外，还要对检验施工材料的工作进行不断地加强，质量不符合标准的施工材料决不能进行施工现场，避免因施工材料不达标而给建筑工程埋下安全隐患。

（3）将检测设备的作用充分发挥出来。房屋建筑的质量监管工作对于技术有着较高的要求，即便工作人员专业知识再多、经验再丰富，都会有顾及不到的细节。因此，监理人员就应当通过相应的检测手段及检测设备，并将检测设备的功能充分发挥出来，实现工程质量管理的不断强化。比如将录像设备安装在施工现场，以影像方式将资料长久的保存。将混凝土坍落度检测仪以及混凝土使用超声回弹仪器设置在施工现场，有效地监控混凝土的质量。通过超声检测设备，增加对混凝土与钢筋情况的了解。利用上述仪器设备进行检测的方式，能够为工程质量提供有效的保证。

（4）见证取样检测。见证取样检测对于房屋建筑工程而言，是提升监理现场质量管理的一项重要举措，应对和结构安全有关的试件、材料等严格进行见证取样检测。同时还要确保见证取样检测的程序范围和数量与相应的文件规定相符。

（5）平行检测。平行检测指的是监理部门在承包商自行检测的基础上，按照一定的比例开展项目的检测或检测工作，并辅之以相关的检查与检测手段。利用平行检测的方式，可以复核房屋建筑工程施工检验的准确性。在开展房屋建筑工程施工的过程中，平行检测的项目主要是测量放线或者几何尺寸。监理部门在平行检测的过程中，可以使用自己准备的仪器设备，也可以使用施工企业的仪器设备，不过要保证自身监理行为的独立性，保证平行检测设备能够正常运转，施工单位的自检工作完成后才能进行。施工项目的进程如果比较赶，则应与施工单位的自检同时进行。对于和结构安全以及使用功能有关的检验批次，则需要全部进行平行检测，对于装饰性工程而言，平行检测需要按照一定的比例进行。在开展平行检验工作的时候，要进行及时的记录，确保记录的完整性。可以单独进行记录，也可以将其纳入施工企业的自检申报表中。

房屋建筑工程监理现场的质量管理工作对于工程的整体质量有着十分重要的意义，监理人员应重视自身专业素质以及道德修养的不断提升，对建筑监理科学理论方面进行深入的研究，促进监理工作有效性的不断提升，使建筑市场的行为更加规范，对建筑监理质量管理的方式手段也应进行积极的探索，这样才能促进建筑监理质量管理水平的不断提高，推动监理工作的顺利开展，最终实现房建工程质量的整体提升，为我国建筑事业的健康长效发展奠定坚实的基础。

第四章　房屋工程管理

第一节　房建工程精细化成本管理

随着房建工程建筑市场不断发展，施工企业若想进一步在建造过程中扩大利润，在确保合理的二次经营获利的基础上，在施工全过程中采取精细化管理势在必行，在进行精细化管理过程中，精细化成本管理应作为重中之重环节进行管控。房建工程在进行精细化成本管理时需梳理出主要管控环节，在管理过程中需针对主要环节采取有效措施进行把控，同时还需定期进行成本分析工作，对分析结果超出预计值时需采取有效措施及时进行纠偏，确保成本处于受控状态。

一、房建工程精细化成本管理的意义

近年来，随着房建工程建筑市场不断发展，各家施工企业间对于相同类型建筑的施工过程越来越趋近于标准及相同化，对于可调价总承包合同的竣工结算过程越来越趋于透明化。早些年常用以相对较低价格中标，然后通过单一在施工过程中依靠签证、变更索赔等二次经营措施扩大利润的经营策略，已经不足以应对现在越来越苛刻的建筑市场环境。企业若想进一步提升，在施工过程中进一步扩大利润，且确保合理的二次经营获利的基础上，在施工全过程中采取精细化管理势在必行。实施精细化管理可以使工程在提升安全、质量、进度的基础上进一步降低成本来获得更大利润，工程在进行精细化管理过程中，精细化成本管理应作为重中之重环节进行管控。加强精细化成本管理不仅可以增加企业盈利水平，还可以提高企业管理能力和提升企业形象。

二、房建工程精细化成本管理的主体思路

房建工程精细化成本管理首先是要明确该工程的目标成本，并尽快下达责任成本，然后在施工过程中通过运用精细化成本管理等管理措施使项目在提升安全、质量、进度的基础上进一步控制与节约工程成本。

精细化成本管理需全员参与进行，不能光靠项目部层面自行单打独斗，公司层面与项目部层面均应作为成本管控的主体，只是分工各有不同罢了。如将项目部层面比喻为工作一线前台，将公司层面比喻为工作后台，公司层通过运用精细化管理及项目管理实验室等管理措施，制定并不断完善各项管理制度，制定制度时需明确分工职责，在管理过程中由项目部及公司层将具体工作落实到每个人身上。在施工过程中通过后台管前台的管理方法，不断加强后台管理能力，不断推进前台精细化及标准化管理程度，努力达到法人管项目这一目的。

三、房建工程精细化成本管理的主要环节

房建工程施工成本主要由直接成本及间接成本组成，其中直接成本约占总工程成本的80%左右，直接成本主要由人工费、材料费、机械设备费三大费用组成。

在常见类型工程中，人工费及机械设备费用之和约占直接成本的20% ~ 30%。相对比市政、公路等工程，房建工程的人工费成本占比相对要高一些，约占到直接成本的15% ~ 20%，机械设备费相对要低一些。施工人员的操作水平高低不仅直接影响施工进度、质量、安全等要素，同时施工队伍的管理水平高低还直接影响着材料使用的节约与超耗、机械设备的维护与折旧保值等情况。如何选择施工能力强且施工工序单价比较低的施工队伍是精细化成本管理的重要环节。材料费成本约占直接成本的70%左右，如何保证材料质量合格的前提下进一步降低材料采购价格，也是精细化成本管理的一个重要环节。同时如何择优选取机械设备的采买方式，也是精细化成本管理的一个重要环节。

间接费成本虽然占施工总成本比例较小，但在保证直接成本不增加的情况下，如何合理降低间接成本也是一个施工精细化成本管控的重要环节。

四、精细化成本管理的主要措施

施工前确定本工程的责任成本。责任成本又叫控制目标成本，即在开工前应确定的目标成本，在施工过程中通过运用精细化管理等措施，控制实际成本并做到及时发现问题及时纠偏，使实际发生成本处于可控状态。

在工程投标阶段，一般来说施工单位根据招标文件、招标清单及施工图等资料，基于招标清单项套用企业或施工定额已经预先测算了一遍工程成本，这个成本叫作标前成本，主要用于确定投标价。

标前成本属于竞争性成本测算，它不能直接用于确定本工程的责任成本，标前成本在测算过程中由于时间紧，没有足够时间对施工图纸的工程量进行复核，不能根据施工图纸编制出合理的施工方案，如果招标清单工程量与图纸工程量相差不大则对成本测算影响不大，如果招标清单量与图纸工程量相差很大，则对成本测算影响很大。

房建工程如想实行精细化成本管理，必须在确定中标后、开工前进行第二次成本测算，

这次成本测算用来明确本工程的目标成本即责任成本。在测定责任成本前，项目管理人员首先需仔细研究图纸并结合现场实际情况，预先编制出具体的施工方案及施工组织设计，管理人员需依据施工图纸及已审批通过后的施工方案，准确计算出工程量。其次依据施工组织设计及施工方案结合工程实际施工情况合理划分施工段并及时编制出分包策划方案，项目管理人员需进行广泛的市场询价并参考本公司内部的企业或施工定额测算出人工费及专业分包费用，然后对材料及机械设备进行市场调查及询价测算出材料价格及机械价格。这样直接成本就已经测算完毕，再根据实际情况结合本公司的制度测算出间接费用，责任成本就已经测算完毕。在明确责任成本后，施工企业公司应与项目部签订项目经营责任书。

精细化成本管理之劳动力管理。

择优选择分包队伍。在房建工程施工过程中，施工人员的施工水平很大程度影响工程施工的进度、安全与质量等。如何选择施工工序价格低且施工水平高的队伍非常重要，首先项目管理人员需仔细研究图纸，根据已审批的施工方案及施工组织设计结合现场实际施工情况，合理划分施工分包段并合理编制出分包策划，然后明确本工程需使用的分包队伍水平标准，采用招竞标的方式选取优秀的分包队伍。为了更好地筛选施工队伍，可以在开标前对参加投标的施工队伍中进行标前资格预审。对于分包额较大或占本工程总成本比重较大的分包工程，项目管理人员可以在招标程序结束后、在发中标通知书前，再次对排名第一的队伍进行第二次详细考察。

不断提升劳动力管理水平。确定施工队伍后，在日常管理过程中不仅要提升生产工人的技术水平，同时还需提升现场管理者的组织管理水平。要充分发挥管理作用，调动生产工人的劳动积极性，提高劳动生产效率。然后根据施工进度、技术要求，合理配备各工种工人的数量，减少和避免无效工作，施工过程中要合理安排各工序的衔接，避免产生窝工现象。

精细化成本管理之材料管理。

集中精力主控 A、B 类材料，加强公司集采力度。材料费占房建工程直接成本的比重极大，约占到 65% ~ 75% 左右，虽然占比较大但是在管理方面相对劳动力管理来说还是相对简单。

众所周知，材料的价格与材料的质量是息息相关的，随着建筑市场的不断发展，材料的价格越来越趋近于透明化，如何以相对较低的价格买到质量较高材料是需要仔细研究的，这就要求项目管理人员需要在开工前期事先仔细了解施工图纸弄清建筑材料需求，明确吃透本工程所需的材料标准。然后对本工程所需的材料按成本占比进行排序分类，可以采用 ABC 分类法，比如在开工前分析出 A 类材料（由大到小排序累计占比 75% 的材料）与 B 类材料（由大到小排序累计占比 75% ~ 95% 的材料），因为每个项目所拥有的管理人员的精力是有限的，而往往一个房建工程所需要的材料种类与数量却是繁杂与众多的，A 类与 B 类材料的总价格又能占到所有材料价格总和的 95% 以上，所以需要集中精力主控 AB 类材料。

如有条件的话，对于 AB 类材料的采购可采用公司集采形式，这就需公司层面去花大力气进行市场调研，经调研分析总结后可采用招竞标或与供应商签订框架协议等方式进行集采。如没有足够条件进行集采，比如一些受地域条件限制严重的材料等，可由项目部采用招竞标的形式进行采购，C 类材料虽然占比较小，但对于 C 类材料的采购也不能够放松警惕，在采买过程中，也需采用货比三家原则。

加强材料消耗考核力度。材料的超耗和节余与施工队伍的施工管理水平是密切相关的，在材料使用过程中，需加强对材料的盘点工作。在与劳务队伍签订劳务分包合同时需与分包队伍明确好合理的材料消耗量，在房建工程施工过程中需对使用材料的超耗与节余进行实打实的考核工作，如有超耗浪费材料情况，需与分包队伍协商好然后在本期结算中进行扣款，这样才能起到强有力的约束作用。

精细化成本管理之机械设备管理。房建工程相比路桥、市政等工程来说需使用到的机械数量与种类均要相对少一些。挖掘机、装载机及降水等设备使用主要集中于土方开挖、回填及降水等阶段。升降起重机械设备，如塔吊及施工电梯等比较常规比较好选择与管理。房建工程的升降起重设备在采购前需进行详细的分析测算，结合工期及现场实际情况分析是采用租赁方式还是购买方式，哪种能够节约成本。在选取车辆设备时需在租赁前进行分析测算，考虑是采用以工程量结算的方式还是以月、年等固定期限的结算方式进行租赁。当如公司内部如有剩余设备时，还需充分考虑提高内部设备使用效率的原则。

定期进行成本分析及纠偏。成本分析是成本管理的重要组成部分，是确保项目成本受控的必要手段。成本分析不仅需要项目部各部门共同参与完成，还需要公司的各个部门予以配合与帮助，在分析过程中首先需确保各项成本数据真实有效，使各部门之间数据相统一，这样就能够保证分析出的成本数据真实有效，在分析过程中需保证数据直接一目了然，能够直接看出目前工程的盈亏状态，并能直观发现目前工程盈在哪里，亏在哪里，根据分析出的结果制定出下步计划或纠偏措施，确保成本属于受控状态。

综上所述，做好房建工程精细化成本管理工作，在施工过程管理中具有重要作用。在进行精细化成本管理施工过程中，通过选择价格低工序施工水平高的施工队伍等措施来提高施工水平，通过降低机械设备及材料费用的成本支出来提高施工单位的经济效益，定期对工程成本及时进行分析与纠偏等管理措施来提升企业利益，在增强市场竞争的同时推动社会发展。

第二节　房建工程管理存在的问题

房建工程管理是保障房建工程顺利实施的有效途径，也是提高工作效率和施工质量的重要方式。对房建工程进行科学、有效的管理，有利于企业降低建设成本，增加经济效益。

论文主要阐述了房建工程管理的概念和特点，对房建工程管理存在的问题进行了分析，并提出了解决方案。

随着社会经济的不断发展，建筑行业发展迅速。同时房建工程备受关注。房建施工企业应做好房建工程的管理工作，利用先进的施工技术为人们建设安全、舒适的房屋建筑，以保障人们的生命财产安全，确保房建工程的社会效益和经济效益。

一、房建工程管理概述

房建工程管理是指对房屋建筑施工过程的管理，主要内容是利用专业知识优化整个工程项目的施工，对其进行实时有效的计划、组织、协调和控制工作，从而确保工程的顺利完成。整个项目的管理过程是实现资源优化配置与利用的过程。房建工程管理贯穿整个项目的施工过程，高效的管理可以促使施工效率和质量的提高，为施工企业增加经济效益。房建工程管理对整个工程非常重要，直接影响房建工程的施工质量，进而影响人们的生命安全和生活质量，因此，相关从业人员应做好房建工程的管理工作，熟练应用施工技术，保证房建工程的质量和安全。

二、房建工程管理存在的问题

缺乏有效的管理体制。现阶段，我国大部分建筑企业的房建工程管理体制不够完善，不具有系统化、标准化的管理体制，会对企业及时获取有效信息并做出调整等一系列工作有直接的影响，导致房建工程无法进行科学、有效的管理，无法保证工程的建设质量，也在一定程度上阻碍了企业的发展。同时，管理体制的不完善也会影响企业相关人员的工作，如影响管理人员的工作积极性以及工程的施工进度。

缺乏房建工程的现场管理。一般情况下，房建工程由工程各参与方协调合作、共同完成，各部门应积极履行自己的义务和职责。房建工程的管理主要包括 3 个方面：人员管理、施工材料管理、质量监督管理。现场管理的目标是提高建设质量和保障施工安全，高质量的现场管理不仅可以提高工作效率、保障施工进度，还可以减少资源浪费、保障施工安全。但目前部分房建工程施工企业缺乏施工现场的有效管理，没有配备专业的设施，对施工人员的安全带来了很大的威胁。

工程质量缺乏有力保证。工程质量直接影响房屋建筑的使用寿命，关系着人们的生命安全和生活质量，因此，房建企业应不断增强施工技术提高建设工艺，进一步提高房建工程的质量，保证人们的安全。一直以来，质量问题是影响工程建设的一个重要因素。对于建筑企业，工程质量要抓，建设成本要降，二者是相辅相成的，在实际工程建设中，企业要追求经济效益就会降低建设成本，直接或间接地影响了施工质量。因此，进行有效的质量控制与管理对工程建设十分必要，但目前房建工程质量控制缺乏相应的控制细则，不利于房建工程管理工作的落实。

工程监理不全面，不专业。建筑工程顺利施工的同时，还应进行工程质量的监督与检查，这就需要工程监理单位认真履行监理的职责，合理控制建设进度，对工程中发现的问题和不合理操作进行处理和纠正。但是一些房建工程的监理责任不明确，无法有效落实监理的职能。此外，一些监理人员不具备专业素质，难以落实监理工作，甚至会影响正常工程的建设工作，不利于监理单位的发展，更影响了工程的施工质量。

四、房建工程管理的解决措施

完善房建工程企业的管理体制。完善的管理体制有利于企业对房建工程建设的整体管控，有利于提高工程的施工效率和质量，因此，需要不断完善我国房建工程的管理体制。房建工程的管理体制中，应包括施工前对工程环境的考察，如工程地质勘查等；应对施工过程做好规划，保证施工质量与进度；明确各个部门的工作范围和职责，一旦出现问题，可以找到相关的负责人并及时解决问题；在整个房建工程完成后，应对其质量进行检测，评价其质量是否达标。

做好工程图纸设计工作。施工图是各项施工活动开展和进行的重要基础，图纸的设计质量也在一定程度上影响着工程的施工质量，房建工程亦是如此。因此，房建工程的图纸设计与管理部门需加强图纸的设计、会审以及技术交底工作，避免因为图纸设计不合理导致工程无法协调的现象发生。在图纸会审和技术交底工作过程中，工程项目的监管人员应落实设计图纸的审查与审批工作，准确评估房屋建筑重要部位图纸设计的科学性和合理性，使其满足房建工程的施工要求和安装要求。另外，要保证施工队伍掌握图纸设计的意图和注意事项，对技术交底工作的内容进行分析和研究，做好各部门的协调工作，保障工程的施工进度。

加大现场管理力度。房建工程的施工企业应加大现场管理的力度，对人员、物资等进行有效管理，协调好现场各单位、各部门之间的关系，减少不同单位或部门之间的利益冲突，保证建设工作的顺利进行。此外，应加强现场巡回检查力度，即对施工现场的材料和设备进行检查，避免不合格的材料进入现场，减少设备问题带来的安全隐患，进而保障房建工程的施工质量。

提高施工技术管理水平和施工人员的素质。随着科学技术的不断更新与发展，先进的施工技术成为保障施工质量的关键因素。因此，房建工程的施工企业应不断研究和引进新的施工技术，不断学习新的施工工艺，进而提高工作效率和施工质量。除了施工技术，人员也是影响施工质量的一个重要因素，尤其是技术人员，为了企业的持续发展，企业应引进高素质的综合型人才，保障对引进的新技术的顺利实施。另外，应对施工人员进行理论知识、技术技能等方面的培训，提高施工人员的技能，增强所有参建人员的质量意识。

重视工程监督管理。为了解决房建工程的管理问题，房建企业应加强工程项目的监督和管理工作，争取做到全方位的动态监管，发现问题要及时解决，并加强工程质量控制力度。

为了达到上述目的，可以从以下几个方面入手：（1）签订相关施工合同，并在合同中明确各方的职责和义务，合理地规划监理的工作流程，增强监理工作职能；（2）受房建工程监理工作复杂的影响以及相关法律法规的制约，监理工作人员应依靠自身的职业道德素养与业务能力提高监理管理质量，以辅助房建管理工作；（3）落实房建工程的监理工作，保障业主的人身安全。需要注意的是，业主在选择监理单位时，应考察监理单位的资质与工作信誉，选择具有高素质、高水平的监理工程师，确保监理工作的有效落实。

综上所述，房建工程的管理中还存在一些问题，因此，相关施工企业应不断完善管理机制，引进先进的施工技术，组建高素质、高水平的施工团队，同时还要重视监理的工作，通过采取一系列的措施保障房建工程的质量，推动房建施工企业的稳定持续发展。

第三节　房建工程造价的信息化管理

目前，由于我国现代化社会的快速发展和进步，在社会的各个领域当中都能够看到现代信息化管理技术的身影，现代信息化技术在很大的程度上帮助人们减轻了工作压力，提高了工作效率，逐步实现了从人工到智能、数字化的发展。当前，在我国的房建工程造价上对于信息化管理的应用已经较为深入，并获得一定成就，但这还不够，仍旧需要在实践当中进一步运用，获取总结经验，来更好的改善和提升我国的房建工程造价信息化管理的能力和水平。本节将对房建工程造价的信息化管理工作意义进行分析，探讨管理过程中出现的问题，并提出相关的解决措施。

传统形式的房建工程造价管理和信息化管理之间有着很大的不同，信息化管理能够充分的利用现代科技的力量把房屋工程造价管理体制和管理工作上的每个环节进行充分融合，实现现代化技术处理，创建健全的房建工程造价管理信息化体系，更好地发挥出信息化技术管理的有效性。

一、房建工程造价信息化管理的意义

减少造价成本。通过相关研究发现，各大建筑类工程的施工材料花销在总的工程成本上所占的比例达到了的百分之七十，而且仍旧处于上升的势态。采用信息化管理能够帮助房建工程施工单位及时、有效的得知目前市场上建筑材料的市价，并且运用信息技术将价格的波动制成简洁的图表，让人们一眼就能看出这些建筑材料市价的变化情况，在从中筛选出最为合适的建筑材料进行购买，由此来有效减少工程造价中不必要的成本。

提升市场服务能力。信息化管理系统当中，包含的数据量是非常巨大的，而起各种数据和资源等已经实现了在线共享模式，由此非常有利于各大参建的施工单位能够第一时间

掌握最新的资源信息和数据信息，提高了工程建设领域的竞争力，由此促进工程建设不断地提升自身的服务能力和水平。

二、房建工程造价信息化管理中出现的各种问题

信息化管理体系建设不健全。信息化管理的出现和使用象征着我国社会在不断进步，不过目前在我国的房建工程造价信息化管理工作当中，因为没有充分高效的方法和高科技技术的支撑，在对工程造价信息资料的整理、分析工作上，较难做到造价在通过工程经济标准分析时所需要的结果。为了能够更好地顺应市场的发展和需要，我国建立了房建工程造价现代化信息网，做到了各个省市之间的房建工程建信息的传输和共享，但是因为在管理体制上的不够完善，在现实运用上仍有一些不足之处，无法充分的满足房建工程单位对资源的需要，在网站上的资源信息更新不及时，且经常发布的信息只是一些转发过来的资源消息和工程项目上的一些定额而已，并没有什么新意，对于房建工程单位来说起到的作用并不大。所以，房建工程造价的信息化管理上依旧需要不断的健全和完善。

信息化管理人员综合素养不高。在房建工程造价的信息化管理当中，虽然有着现代化先进的科学技术来对管理工作起到技术支撑，但进行信息化管理的人员却没有相应的专业综合素养，因此也不能满足房建工程对于造价信息化管理的需要。从目前的情况来说，很多房建工程施工单位都没有专门的对造价信息化管理人员展开相应的知识技能培训，很多人员对于信息化管理技术并没有完全熟悉和掌握，因此就难以充分地将信息化技术的优势发挥出来；致使现代信息化管理在房建造价上的作用效果不高。

三、提升房建工程造价信息化管理的有效策略

创建动态化的房建工程造价管理系统。想要充分实现房建工程造价进行有效信息化管理的目标，第一步要做的就是创建动态化的房建工程造价管理系统，并且保证对此系统进行实时的更新，使其具有充分的实效性，并将此系统运用到整个工程造价管理当中。第二部，把初步创建成功的动态造价管理系统运用高真实的工程建设当中去，利用真实的工作应用来发现系统中的不足之处，并及时进行修改和解决，进而充分带动我国房建工程造价信息化管理的不断进步，由此有根据的推测日后造价信息化管理工作的方向和势态。

创建信息化管理的人才队伍。在房建工程造价信息化管理工作上，人才的运用对于管理工作来说是非常重要的。所以，房建工程单位如果想要充分的利用信息化管理技术，就要全面关注、重点组建高质量的信息化管理团队，聘用专业的管理人才，增加信息化管理的有效性。与此同时，在培养信息化管理人才的过程中，要从工程建设造价需要上出发，培养出工程建设所需的综合型、高质量管理人才，这些管理人员不但要充分的了解房建工程的造价情况，还要懂得如何有效利用现代信息化技术的知识和技能，由此保证房建工程造价能够全面有效的践行信息化管理。

创建房建工程造价数据库。当前，家家户户对于互联网技术基本上都不陌生，也基本上都会操作和运用，由此，房建工程造价信息化管理要充分认识到这一点，加深对互联网技术的运用，从而利用互联网技术创建相应的房建工程造价数据库。对于各大房建工程单位来说，目前最应该完善的就是创建健全的网络化工程造价数据库，将工程造价中的各项费用信息和组成要素，以及工程施工材料市价和各种造价相关内容和报告进行录入，之后对其各项数据进行分类，创建分析库，因此在提升工程项目整体投资决策精确率的同时，更好的保障了房建工程造价领域的严谨和条理性。

总之，想要在房建工程造价上充分实现信息化管理工作，工程施工单位就要在造价管理系统、人才培养上，以及造价数据库上进行健全和完善，只有充分落实了这三方面的内容，信息化技术才可以更强的作用于房建工程造价工作中。

第四节　房建工程施工管理水平的提高

房建工程施工企业要想在日益激烈的市场竞争中立于不败之地，对其施工管理水平进行不断的提高具有十分重要的现实意义。但是，在对房建工程进行施工管理的过程中也表现出一系列的问题，对其施工管理水平的提高产生了极其不利的影响，因此采取一定的措施对其施工管理水平进行提高具有极其重要的意义。本节主要对房建工程施工管理中存在的问题进行了分析，并对提高其施工管理的措施进行了一定的讨论，以期给相关人士提供一定的帮助。

我国社会经济的不断发展以及科学技术水平的不断提高，极大地促进了新兴工艺、建筑材料、技术以及新型机械设备在房建工程施工项目中的应用，也正是如此，也增加了对房建工程项目的施工进行管理的难度，使其施工管理的过程中表现出一系列的问题。房建工程施工企业要想在日益激烈的市场竞争中谋得生存与发展，就必须清楚地认识到施工管理中存在的问题，并采取针对性的措施对其施工管理水平进行提高，从而使房建工程施工期间可能出现的不利因素都能得到一定的控制。

一、房建工程施工特点

影响施工阶段质量的因素分析：

（1）在房建工程施工建设的全过程中，施工阶段是持续时间最长的一个阶段。而施工阶段投入的时间越多，就会使影响工程施工的内、外部等不利因素得到一定程度的增加。例如，工程项目设计的变化、所使用建筑材料质量的变化、施工当地的气候条件以及其地质条件的变化等。

（2）将房建工程项目的规划与设计变成现实实物的过程就是房建工程施工的过程，同时，在房建工程施工的过程中，也能够对其设计的是否合理以及施工前的准备工作、技术水平等进行相关的检验。因此，在其施工的过程中，会暴露出许多的问题，如果不能对表现出来的这些问题进行及时、有效的解决，就会对房建工程施工项目的质量、施工的进度与安全、施工建设的预算成本等造成极为严重的影响。

房建工程施工阶段的成本分析。在房建工程施工的过程中，经常会出现合同利益纠纷的问题，这主要是由于在施工的过程中，所涉及的合同数量较多，存在着大量的工程款支付的现象，加之施工过程中表现出的各类问题以及合同双方在签订合同的过程中不能对合同进行清楚明确的理解，从而造成了合同纠纷问题的出现。另外，房建工程施工的过程，也是建筑材料应用最多的过程，各类施工材料的应用，也使得房建工程施工的过程成为资金投入最大的一个阶段。

三、房建工程施工管理中表现出的问题分析

管理目标不明确，缺乏合理性。从目前的房建工程施工管理的状况来看，我国房建工程施工管理主要可以分为对施工质量的管理、施工成本的控制与管理以及施工进度的管控三个方面，且这三个方面的管理是相互影响、相互制约的关系，如果其中任何一个管理环节出现问题，必然会对其整个施工管理体系造成不利的影响。通常情况下，我国房建工程的施工管理对于工程项目的质量与其造价两方面比较侧重，并没有考虑到上述三个施工管理要素之间的关系，也没有合理的对其进行配置，管理目标也不够明确，从而使得房建工程项目的施工质量得不到根本性的保证，且还会对影响到其施工的进度，进而使其施工建设的成本得以增加。

缺乏健全的施工管理体系。在房建工程施工管理的过程中，影响其管理水平提高的一个重要的因素就是缺乏健全的施工管理体系，而究其原因，主要是因为进行施工管理的某些工作人员没有较高的责任心或者综合素质不高造成的。在其管理工作开展的初期，首先应该做的就是，根据工程项目施工的实际需要以及施工的标准制定一套完整的施工管理体系。然而，在施工管理的过程中，由于部分管理人员主观能动性较弱且综合素质低，因而使得在对施工管理体系进行制定的过程中，总是会存在一些疏忽，甚至是把施工管理体系制定的工作当成一种形式上的东西不予重视，从而使得制定出来的施工管理体系不健全，也难以发挥出其应有的作用，进而造成了施工作业的重复进行以及施工管理力度不足等问题，严重影响房建工程的施工质量。

施工管理方式不合理。在房建工程项目施工管理的过程中，由于受传统施工管理方式的影响较大，从而使得现代化的施工管理方式较难适用到目前的施工管理过程中，由此导致了施工期间各种管理与控制的信息难以及时的反馈到相关工作人员的手中，使其无法及时、快速地对施工过程中存在的质量问题、安全问题以及施工管理问题进行解决，因此，

导致了施工管理工作的低效率与低质量，甚至会使得施工管理难以有序地进行。

施工管理人员缺乏较高的综合素质。目前，我国许多的房建工程施工管理人员都存在不同程度的能力不足、专业知识水平低、缺乏责任意识等问题，还有一些施工管理人员上岗之前没有进行必要的岗前培训，加之其实践经验缺乏，使其在日常施工管理的过程中，难以发现关键施工环节以及关键部位中存在的问题，从而对施工管理水平的提升产生了非常不利的影响。另外，现阶段我国的某些房建工程施工项目的经理与其项目负责人没有亲临现场对整个施工过程进行实时的监督与管理，或是在现场进行管理的过程中，只是走过场，使其成为一种形式上的工作，因而，使得工程施工管理中存在的问题难以得到及时的发现与解决，从而对日后的施工造成很大的影响。

四、对房建工程施工管理水平进行提高的措施探究

对施工管理体系机制进行建立健全。房建工程项目的施工单位与工程项目的业主签订完项目施工承包合同之后，进驻到施工场地的时间要根据签订合同上的规定以及业主的要求进行。进入施工场地之后，在工程项目正式投入施工前，应该成立相关的施工管理部门，并对施工管理的体系机制进行建立与健全。在对施工管理体系机制进行编制的过程中，应该经过项目总工程师的审核以及施工企业相关技术负责人审批之后，才能予以执行。实践证明，施工管理体系机制的是否健全与房建工程施工管理水平的能否提高有着十分密切的关系。

对施工质量的检查进行加强。房建工程的施工过程中，施工企业应该结合实际制定出与企业自身相符合的规范标准，在对施工材料进行选择与购买的过程中，应该选择正规的、与规范要求相符合的且具有较高信誉度的厂家购买，谨慎选择施工材料，保证施工材料的质量，从而从根本上提高工程项目的施工质量。同时，负责施工管理的单位，应该对工程项目施工过程中的重点以及其难点进行充分的掌握与了解，在房建工程施工的过程中，要对其全过程进行实时的跟踪与监督，一旦发现问题，要及时地通知有关部门对其进行处理。

对施工程序进行规范。在房建工程项目开始施工之前，要对施工的现场进行实地的考察与探究，得出考察报告，并根据报告的具体内容，制定出具有准确度与科学性的施工方案。实际施工的过程中，每个施工环节、每个施工部门所发生的一切管理与控制的行为以及实际操作都必须符合国家的相关标准与规定，且各个施工部门应该进行相互的协调与配合。房建工程企业不能对设计方案进行盲目的规划与设计，施工的部门也不能对工程的设计方案进行随意地更改，严禁出现为了追求经济利益而不择手段地对工程进行建设等相关问题的出现。此外，在施工过程中，要对监管的力度进行加强，落实有关责任制，从而使得工程的施工能够顺利稳定的进行，促进工程施工管理水平的提升。

对在岗人员的安全教育培训工作进行加强。由于在房建工程项目施工的过程中存在着诸多的安全隐患，因此，对在岗人员的安全教育培训工作进行加强具有重要的意义。在工

程的施工阶段，应该定期或者不定期的安排与施工人员安全教育有关的培训，并组织在岗人员参加，通过对安全施工的教育与宣传，使得在岗人员的安全意识得到不断的提高。施工人员自身也应该通过积极参加安全教育培训活动、学习相关专业书籍文献等方法，使得自身安全意识在不断增强的同时，促进综合素质水平的提升。此外，还应该以此为基础，成立安全执法小组，从中抽取部分人员对施工的现场进行检查，从而将一切安全隐患杜绝在外。

经济实力的不断提高，加快了我国城市化的进程，同时，也使得人们对于房建工程施工质量的要求越来越高。而在房建工程施工的过程中，一个重要的基础性工作就是对其施工质量的保证，因此，对其施工管理与控制进行加强具有非常重要的现实意义。在进行房建工程施工管理工作的过程中，要清楚地认识到其管理工作中存在的问题，并积极的探索具有针对性的措施对其进行解决，从而不断提升房建工程的施工管理水平，提高其施工的质量，进而使房建企业获得更大的经济效益与社会效益。

第五节　房建工程的项目管理与成本管理

近年来，我国城市化建设进程不断加快，建筑行业迅速发展，人们对住房的要求也越来越高，导致房建工程项目增多，行业竞争加剧。在房建工程项目建设期间，项目管理与成本的管理贯穿于整个建筑工程项目，且在工程项目中起到了十分重要的作用，并且会对房建工程的施工进度、施工质量和施工效益产生较大的影响。因此，多数施工企业需要不断加强对房建工程项目管理与成本管理的重视。

一、房建工程项目管理与成本控制的重要性分析

（一）房建项目管理的重要意义

（1）确保工程施工质量，增强施工效率。房建工程项目管理涉及的内容比较多，要求施工部门有目的地进行施工。此外，一旦遇到施工变更或者由于工作人员疏忽造成现场施工质量出现问题，需要及时进行补救措施，围绕相关的施工标准进行改正，减少人员不当操作带来的影响，从而保证施工质量。

（2）提升质量的同时创造更大的经济效益。房建工程项目管理的完善主要是围绕行业的相关规范和安全规章制度来完成的。使施工过程更加的标准化，进一步提高工程的质量安全。在具体施工过程中，利用项目管理措施，可以解决施工过程中突发的质量问题，提升施工人员应对突发事件的能力，同时减少工程变更现象的发生，为企业赢得更高的经

济效益。

（二）房建工程成本控制的意义

成本控制对于企业经济效益的提升至关重要。这是减少工程支出，降低损耗最重要的方法。只有进行科学的成本控制，才能使企业在建设过程中有条不紊的开展施工，提升工程的运行效率，增加成本的利用效率，促进企业整体竞争力的提高。

二、房建工程项目管理与成本管理中存在的问题

（一）房建工程项目管理与成本管理制度不完善

（1）质量管理制度。很多房建工程项目管理部门没有严格落实质量管理制度，导致房建工程项目在施工过程中，管理人员对施工质量的关注不够，质量意识有待提高。此外，部分房建工程施工企业的质量管理制度不够完善，已经无法发挥作用。（2）成本管理制度。房建工程项目管理人员进行成本管理时，并未从制度的层面上出发，对房建工程所需要的各项混凝土材料、砂浆材和钢材等材料价格，进行统一的记录与备案，致使房建工程开展中，其项目管理与成本管理制度存在不符合标准的情况，影响房建项目工程的发展。

（二）房建工程项目管理与成本管理缺乏合理性

（1）对项目施工合同的管理力度不足。由于房建工程项目的性质，房建项目施工合同涵盖的内容较多，包括施工参与方的各项权利和义务、工程拨款、工程结算等。部分房建工程项目管理者的管理意识缺乏，缺乏对工程项目与成本管理的重视，造成其对房建工程项目合同中多项内容的关注度不足，没有深入研究合同中各项条款的内容，导致合同双方对一些条款内容存在异议，容易引起纠纷，不利于工程的顺利进行。（2）对施工成本管理不足。在房建工程的管理过程中，项目采购人员常常缺乏对市场的动态了解，从而对施工材料的价格以及各项性能参数的掌握不够深入，导致购买的工程材料的质量不符合要求，造成材料浪费，并且价格较高，不利于成本控制。

三、提高房建工程项目管理与成本管理水平的措施

树立正确观念。在房屋建筑工程项目管理时树立正确观念，充分意识到管理工作重要性，在日常工作中使用合理方式开展工作，提升项目施工效果并保证项目管理的有效性与可靠性，避免影响工作质量。在日常管理工作中，需及时发现项目管控问题，采取科学的方式进行改善，在加大项目管理力度的情况下，提升整体工程质量并保证管理工作的高效性，以创建现代化的工作体系。同时，房建工程管理部门在使用项目管理方式期间，需重视进度、安全与成本等管理工作重要性，按照制度内容严格地进行管理，使得工作人员积

极配合各方面任务并形成房建工程的项目管理机制。

健全内部控制制度。为了建立一套较为完整的内部控制制度，需要依靠部门人员管理和后期监督工作、加强动态内部控制体系的完善，加强规范参与施工项目的财务会计人员工作内容，提高各类资源在实际施工过程中的利用率，制定战略性施工计划，提升内部控制的整体效果，保障实际财务会计操作的真实可靠。同时，施工单位需要完善监督机制，加强内部控制的质量监督管理，改善监督管理过程中的工作形式，推行动态控制机制，格按照实际施工情况，展开成本控制管理工作，推动施工项目的顺利实行。

加强施工进度与投资管理。施工进度管理很大程度上影响了施工成本的控制。首先需要制定完善的施工进度方案，对施工计划及目标有一个明确的掌控，保证施工方案的合理化。再具体的施工环节还需要针对施工方案的实行情况以及施工进度的完成进行有效的监控，从而保证施工进度与方案的一致性。如果出现施工进度与施工方案不符的现象，需要及时进行施工进度的调整，采取有效的措施进行施工，保证按时完工。其次，施工进度的管理还需要配备相应的监理工程师，监理工程师的主要职责就是对施工进度进行监控，同时对施工过程中产生的一些质量问题进行记录，并迅速要求整改，尽量减少时间的浪费。在进行施工投资管理的过程中，需要对各个阶段的投资预算有一个全面的了解，建立完善的施工成本控制体系，一些施工材料以及设备的采购过程中要遵循价值规律，把握行业的价格走向，确保施工成本在可控范围之内。

建设高素质人才队伍。在房屋建筑工程项目管理与成本管理的过程中，应建设高素质人才队伍，在人才的支持下合理地进行项目、成本的管控，保证各方面工作符合要求，提升人才队伍的建设效果。首先，需聘用专业素质较高的优秀人才，要求工作人员掌握丰富经验与专业知识，可在项目管理与成本管理中合理完成任务。其次，需针对工作人员进行专业知识与先进技能的培训，应增强项目管理与成本管理人员的专业素养，通过培训方式提高其工作质量，保证各方面的管理效果符合要求，在现代化管理方式的支持下可以总结丰富经验，提升整体管控工作效果。

在房屋建筑工程项目管理与成本控制的过程中，应制定完善的工作方案，合理进行施工质量与进度的管控，协调各方面工作之间的关系，在先进项目管理方式的支持下，创设良好的工作制度，规范项目管理与成本管理的行为，提升管理工作效果。

第五章　生态住宅建筑概论

第一节　绿色生态住宅建筑设计的基本理念

目前，绿色生态住宅建筑已然成为一种流行趋势，其是建筑产业发展的主要方向，这就需要从空间角度出发来关注人们实际生活，要求在住宅建筑基础之上从资源与环境角度来关注人们的实际生活，要求住宅、环境资源与人类活动进行紧密的结合，不断提高空间使用率，从而将环境效益与资源效益充分发挥出来。面对此类问题，本节就绿色生态住宅建筑的设计展开了探讨。

新时期，绿色生态住宅建筑设计工作的开展，应充分秉持着以人为本、健康环保的基本理念，以提高绿色生态住宅建筑设计效果，其是未来建筑工程设计的基本发展方向。绿色生态住宅建筑工程的设计，主要是依赖自然资源，要求居住者在身体、心理与社会层面都处在一个稳定的状态，强调人与自然做到和谐相处，为人们打造一个舒适而健康的生活环境，从而建造高质量的绿色生态住宅，是推动建筑行业发展的关键所在。

一、绿色生态住宅的基本定义

绿色生态住宅，即生态住宅、可持续住宅与绿色住宅。此类住宅是以可持续发展的基本理念为重要指导，其主要目的在于达到人、自然与建筑的密切融合，重视对自然元素与环境等的高效利用，通过科学的技术与手段，以创造出便于人们工作与生活的场所和环境。绿色生态住宅建筑是技术元素与自然元素密切融合的重要产物，其主要是发挥好自然资源的基本优势，要求整个居住环境能保持清洁、舒适，营造优美的环境，既可降低对生态环境所产生的破坏性，也会滋生自然灾害，利于实现小区的稳定度、可持续性与协调性。此外，绿色生态建筑主要是以节能环保为根本主题，此种能源节约的核心点在于生物森林资源、水资源等，也能有效缓解当前大气污染问题，其基本诠释为利用最少的资源与能源来产生最少的垃圾，以达到环保的效果。

二、绿色生态住宅建设的必要性

（一）顺应时代和社会发展的基本需求

现阶段，可持续发展已然成为时代发展的主旋律，其是经济社会发展的核心战略，而营造一种生态环境是实现生态住宅建筑建设的基础与重要前提。在城市建设体系中，住宅是重要基础，且生态城市主要为居民提供舒适而和谐的生活、工作与居住氛围，进而提高设计住宅设计质量。

（二）节能与环保的基本需求

对于住宅建筑而言，建筑每年都会消耗大量的资源与能源，且人们生活水平也在逐步提高。对项目用地进行合理的规划与设计，以提高土地资源的利用率，运用合理的建筑系统，能有效提高建筑工程使用面积，可确保工程的耐久性，将能耗较大的建筑材料进行限期的淘汰掉，对短期资源与不可再生资源进行节约应用，最好选用当地材料与自然建材。

（三）提高居民生活水准的基本需求

当前，我国经济、文化、科技与信息等的全面发展，人们的精神与物质水平均得到了质的提高，人们在对居住环境的舒适度、安全性、美观度与健康度等都提出了极高的要求。此外，生态住宅可有效的减轻环境污染度，能让废弃物的排放量实现零排放与零污染，实现对资源的循环利用与重复利用。生态住宅可为人们提供足够的自由度与自然度，能实现对自然资源的科学利用，能有效缓解有害建材对人们身体所造成的伤害，为人们提供舒适的居住环境。

三、绿色生态住宅建筑设计策略

（一）遵循人本、环保的基本设计理念

设计生态住宅时，应结合当地自然环境来，根据建筑学与生态学基本理念，对住宅建筑和其他因素间的实际关系进行合理安排，要求由生态环境空间布局规划角度出发，对住宅区的风向与朝向进行合理的分析，从而开辟出阻止住宅区生态走廊与风道。而后，需要考虑建筑单体、园林绿化等对阴影、阳光所产生的影响，对阴影区与阳光区进行科学的规划设计，以求更大程度上的利用好住宅区的地面，将其设定为景观环境的主要用地，情节严重的可能会将住宅的底层予以架空，将其用作景观生态基地。同时，应重视对周边环境中优质因素的应用，也可引水入区或借景远山，以打造山水形态的自然性住宅区。在整个生态住宅设计体系中国，要求室内要具备良好的空气质量，也要具备足够的生态气候调节

性能，从而为人们提供舒适、健康与和谐的生活环境。而后，设计者应充分利用好建筑、绿化、景观与地形等因素，最好保证景观空间设计的层次性、丰富性与深远性，以充分发挥出景观的生态优势。

（二）科学选择保温节能墙体

新时期，绿色生态住宅建筑设计工作的开展，必须要选择合适的节能墙体，主要包含外保温与内保温节能墙体。鉴于内保温法的实际效率比较低，再加之整个施工体系中还存在着诸多问题与不足，会对二次装修带来威胁，当前应用最多的当属外保温墙体。和内保温节能墙体相比，便于提高热工作率，重视对建筑工程结构的有效保护，以求更大程度上节省室内的空间。

（三）水资源循环

新时期，绿色生态住宅建筑的建设，水资源循环系统的设计也极其关键。从水资源循环角度来看，为达到理想的水循环效果，应在室内设置给排水系统，确保排水的畅通性与给水的合格率。此外，在室外应设置雨水处理系统与给排水系统，其主要被应用到大面积绿地、路面浇洒与养护，其是确保小区内环境舒适度与清洁度的重要条件。在整个设计体系中，雨水回收系统的设计是其中的核心内容，在收集雨水之后，将其用作非饮用水，其是生态住宅建筑工程环境改善与节约水资源的主要方式，且利用系统来收集雨水主要是把雨水用到冲洗厕所与景观绿化等方面。

（四）充分利用好太阳能

就目前太阳能技术发展实况来看，其中最为成熟的技术为太阳能热水技术，即太阳能热水器。基于此，太阳能空调示范工程、被动式太阳房等都以初步建设完成，然而，太阳能光伏发电技术还处在初步环节。太阳能热水器主要是凭借其便捷度、低成本等优势，其被广泛地应用到普通家庭之中。设计绿色生态建筑时，设计师应统筹考虑太阳能热水系统，防止出现二次安装与二次投入问题。

（五）打造住宅区生态氛围

在我国，很多区域的建筑工程都是采取先建设楼房后造景的方式，要求在小区中设置人工环境，如硬质道路、铺地广场等，若片面的追求环境景观气势与新意，是不利于生态住宅建筑环境营造的。生态住宅的建设，必须要重视住宅区域内微生物、人、植被与动物间的实际关系，全面了解自然环境对人们所产生的影响，要求各类生物间要做到人与自然的和谐与统一，达到共生共荣的目的，全面遵循自然法则来进行科学配置，以营造舒适而健康的环境氛围。

（六）全面遵循节能环保原则

对于绿色生态住宅建筑而言，绿色建筑理念主要集中在节能高效、绿色环保与环境友好等层面，其中，能源问题备受关注。怎样高效利用资源、节约资源？降低资源能耗量成为当前的突出性问题。目前，我国人口数量急剧增加，土地资源甚为匮乏，其中，应重视对土地资源的高效利用，其成为我国目前全面贯彻与执行的核心政策，及时优化与完善居住环境与居住模式，科学评价工程项目对土地资源的实际影响。此外，政府部门应鼓励实现对劣地、荒地等的高效利用，以提高建筑工程项目的经济价值与生态价值。建设项目之时，必须要选择绿色的建材，其对节能环保建筑的构建意义重大。在建筑材料上，必须要保证所选择建材的经济性能与节能环保性能，要求就地取材，最大程度上释放出有毒与有害气体的材料，必须要选择可回收利用与循环利用的建材，如一体化钢结构住宅、钢结构高层建筑等。

现阶段，绿色生态住宅建筑已然成为现代建筑领域发展的主要趋势，也成为目前最为追捧的建筑形式之一。现阶段，生态住宅设计的提出，应崇尚绿色、环保与节能的基本理念，要求建筑设计要秉持着舒适、健康、环保的基本原则。以打造优质的居住环境，以提高绿色生态住宅建筑的环境效益、社会效益与经济效益，实现对各类自然资源的高效利用，是提高生态住宅设计质量的有效途径。

第二节　生态住宅建筑中应用的新型材料

在当今的中国面临着及其严峻的资源和环境社会问题，所以发展生态方面的建筑是刻不容缓的。也就非常有必要利用现代化的技术，对其建筑材料进行适当的改造、发展与完善。

一、新型建筑材料的发展

（一）关于新型墙体材料

在我国的发展较快的新型墙体材料，种类非常的多。新型墙体方面的材料生产工艺是采用全新的现代生产技术，同时将钢铁所具有的耐磨属性技术充分的移植到了墙材生产设备中去了。我国的新型墙体材料的生产正面向聚大的规模、充分集约型方向大踏步地前进。从而进一步推进了我国新型墙体材料生产方法的自动化程度得到显著的提高，已经全面采用电脑智能控制生产线的全智能化过程。而我国新型墙体材料发展的重点是机械化与自动化挤压式生产的质量轻、质量好的多孔型条板、外墙复合式保温并配合建设部门的全力推广、推荐应用型轻钢结构的材质体系，充分发展各种装配式复合型全新条板。

（二）关于保温隔热材料

在我国墙体材料中，保温隔热材料的用途是以减少热量的损失为最终目的，在减少热量损失的情况下，其材料的导热系数是要小于 0.14 W/（mK）的一些普通材料的，而材料的导热系数在 0.05 w/（mK）以下的建筑用隔热材料称之为具有较高保温能力的新型隔热材料。目前我国较为广泛使用的隔热材料有矿棉、聚氨醋泡沫塑料、聚苯乙烯泡沫塑膨胀珍珠岩、微孔硅酸钙等主要产品。隔热材料通常是一种墙体，是我们居住房屋的建筑围护结构中的重要组成部分之一，同时也是居住环境室内外热量交换、传导的途径之一。所以我国研制高效、节能保温的新型墙体材料的同时，还得设计出非常合理的新型墙体结构的崭新形式，是具有节能减耗效能的关键所在。

（三）关于防水密封材料

防水密封方面的材料是在建筑行业中，以及其他有关行业所需要的及其重要功能的建筑材料，是建筑行业、材料工业的一个十分重要的组成部分。经过改革开放三十多年的发展，我国的高层建筑也是随着祖国经济的快速发展而一同发展，从而对防水材料提出了前所未有的高质量的防水密封要求。我国迅速发展的防水材料已成功摆脱了纸胎油毡一统天下的落后的窘迫局面，目前我们拥有包括沥青油毡（含改性沥青油毡）、合成高分子防水卷材、建筑防水涂料、密封材料、堵漏和刚性防水材料等五大类防水密封材料产品。

（四）关于新型建筑装饰材料

虽然我国的建筑装饰装修材料行业的发展起步较晚，但起点还是比较高的，据资料统计：1995 年我国在装饰装修材料的年产值约为 400 亿元人民币。较之四年前的 1991 年，我国装饰装修材料产值在逐年递增，并且速度为 30% 左右。目前我国的三星级的宾馆装饰装修基本做到了自己设计、自己生产，五星级宾馆的设计、装饰装修完全可以做到自给自主。这是我国长期对外开放的结果。同时将来我国建筑装饰新型材料应该重点发展丙烯酸类乳胶、高档内外墙涂料、复合仿木地板等一些适销、高产对路产品，并朝着具有功能化、高档化、环保化方向大力发展，做到全新的、新颖的、美观的、实用的、方便的。

二、生态住宅建筑技术的广泛应用

（一）获取生态建筑技术的途径

目前我国要实现生态化建筑这个主要目标，只依靠生态建筑方面的理论是远远不够的，还必须要有能够实现设计目标的方法和技术方面的全力支持。另一方面就是，我们如何才能获得这些技术方面的支持呢？从大的方面来说，在全人类的学习和认知行为当中，模仿、效仿就是人类在社会生活中获取大量知识及专业技能的一种重要认知途径。也就是说，古今中外的建筑，无论造型、结构和色彩都存在着各种形式的模仿，如著名的古希腊建筑中的多立克柱式和爱奥尼柱式就分别是模仿男性矫健和女性柔美的神体姿态，同样在现代建筑中，著名建筑大师埃罗·沙里宁设计的环球航空公司候机楼则是模仿飞鸟飞行时的形态。总的来说，现在大家所使用的各种方面的生态仿生技术大多是进行模仿与学习的自然结果。

根据近几年的分析，通过对模仿对象的不同，我们大致可以将这些生态模仿行为大致分为三大类：对于生物的模仿，简称仿生系统；模仿当时的传统机器；模仿传统中的先进建筑技术。但是与以往设计中的模仿呈现不同方面的是，在生态方面建筑设计中的模仿，其中的目的，有时不是在于造型方面和艺术方面的需要，同时生态建筑也不在于仅仅表达文化观念的传播与表达，而最主要的是学习一些生物、机器的发展和传统建筑渐进，是对建筑以外的外界环境变化中的适应性、自然资源与能源方面使用的合理性与高效性等，将这些特性用于现代的生态建筑设计实践中，从而实现现代生态设计的最终目的。

（二）生态技术方面发展策略的有效实现途径

要想实现我国生态建筑在生态技术方面的稳健发展，关键是要选择适合我国现下经济技术条件的生态建筑技术体系。通常来说，通过对现有的传统方式建筑的模仿的途径是获得的先进技术和有效方法现在都是属于低技术支持，另一方面，经济形式的易用，特别适合我国欠发达西部一带地区，而对于模仿生物、模仿工业机器则是相对来说是比较复杂的，这方面是属于高技术含量的技术。因此对于经济技术产业的要求就是比较高的，所以是比较适合经济比较发达的一些地区。通过效仿我国传统建筑中，并进行重新对资料的挖掘、整理、评价、综合、改进与发展传统方面建筑的生态方面的设计经验、有效方法和先进技术，在这样的情况下，就可以充分建立我国的生态高技术战略体系。

第三节 SI住宅生态建筑的模型建构

本节介绍了SI住宅的理念，从承重结构与居住空间分离、可变形空间、管线设计三方面。阐述了SI住宅的特色，指出通过少费多用的技术集成措施，SI住宅使人们在满足居住需求的基础上最大限度地减轻了环境负荷，实现了居住区可持续发展。

住建部2016年公布的数据显示，由于城市规划和功能设计的短视行为，我国建筑物平均使用寿命仅为30年，与国家规定标准寿命50年相差较远，不科学的重复建设造成了资源浪费和垃圾污染。如何让本应“长寿”的住宅不至于“英年早逝”？研究中国住宅建设的现状，许多住宅的拆毁并不是因为其结构不安全或是经济上的要求，主要是因为建筑不能满足新的功能，与其改造不如重建。相比之下，美国建筑平均寿命达74年，英国建筑平均寿命达 132 年，原因之一就是在发达国家占绝大多数的保障性住房以“房子是用来住的，不是用来炒的”为基点，理清住宅全寿命周期内可能的变化，普及根据承重结构与内部装饰不同的使用年限区别设计的 SI 住宅模式。

一、理念阐释

（一）适应性住宅

此类住宅具有不影响室内配置的建筑骨骼设计和结构躯体的内装设计，实现的是全寿命周期内多次室内改造的坚固性，对抗地震等天灾的稳定性，水、暖、电等设备更换的便利性，不同功能空间高效的变更性，针对家庭结构变化进行户内布局变化的自由性。

（二）支撑结构 S

S（SKELETON）是建筑落成后就不需要改变的部分，包括坚固耐久的支撑结构，如承重的梁、楼板、柱子、公共部分的设备管井，以及走廊和电梯等公共设施，建筑这部分按照设计使用最高年限——100 年的标准来设计。较高的耐久年限既提高了住宅在全寿命周期的价值，又增加了主体结构的安全系数，进而增强了建筑的抗震能力。

（三）填充体 I

I（INFILL）指建筑中的非承重墙、装修、门窗、户内设备管线等，具有可以适应性改变的部分。其中一部分属于住宅套内，具有灵活改变的可能，给使用者提供了一个充分表现自我创造力的平台，让他获得一种“住在了自己设计的空间里”的满足感，这种对人性化的尊重，又保证了住户的个人利益；另一部分属于由物业管理的公摊部分，很大程度上决定了建筑的外观形象，可以类似新陈代谢般发生置换。

二、SI 住宅特色

（一）S 与 I 的分离

S 与 I 的分离是指住宅的承重结构骨架具有高耐久性，是固定不变的，而住宅所用的分隔构件，则可以根据住户的不同要求而灵活多变。住宅的承重结构体和居住空间实现分离，通过双层楼板、天棚、墙体，将建筑骨架与内装、设备分离。即在一定的空间范围内，可以依使用者的需要或爱好，分隔成多种多样的内部空间。当内部管线与设备老化的时候，可以在结构体不伤筋动骨的情况下进行维修、保养，并可以方便地更改内部格局，从而延长住宅寿命。

（二）可变形的空间

SI 住宅的开间进深通常采用 8 m ~ 10 m 的大跨度，分隔空间用装配式的预制墙，可以形成户内宽敞的大空间，可以自由的进行户内平面布局——合并形成大的开放空间或分隔成独立的小空间，这样有利于空间的高效利用，也便于日后的再次装修。

由于 SI 住宅内外分离，室内布局受承重结构的羁绊少，布局灵活度高，可依据业主的意愿进行户型设计，可为住户提供参数化的菜单式选择。尽管只能提供几种不同户型的选择，但仍可以按照居住者的家庭结构、生活方式和身体条件给出多种不同的风格、不同布局、不同功能空间量身定制的设计，满足各种家庭的需要。SI 住宅的这一特性，既保证了住宅建筑的安全可靠性、整体形象风格上的一致性等公共利益，又可以灵活适应业主对户内空间因人而异的需求。

（三）管线设计

传统住宅的设备管线和建筑结构设计眉毛胡子一把抓，有的不设置设备管井，各种立管分散在户内，有的排水立管就近在户内穿越楼板，这多少降低了住宅使用的灵活性。SI 住宅主体结构和内装及管线部分相分离，设置与墙体分离的公共立管，户内只有各种横管，经过各种表箱汇总后全部通到公共管井。使得户内布局、内装、管道布线具有高度自由和可变性，检修、维护、更换也很方便。

为了确保管线合理集中，SI 住宅采用双层楼板和顶棚，楼板比普通住宅高出 130 mm ~ 300 mm，顶棚要增加 150 mm ~ 400 mm，总体上层高比普通住宅要高 500 mm 左右。层高提升后一举多得，既方便地板采暖，又比传统 150 mm 厚楼板的上下层隔音性能提升。架空楼层为管道提供了充分空间的同时，储物空间也加大了，提高了空间的利用率。

架空地板为减少架空高度，目前给水部分采用最新的塑胶软管，使地板高架的部分控制在 200 mm 以内。排水实现同层排水，立管在公共管井内，在户内只设置排水横管，关键位置会留检修口，在不影响邻居的情况下方便维修。

三、“少费多用”的建筑耐久化设计

“少费多用”契合 SI 住宅节约并追求高效利用能源的绿色理念，以及对人类生存大环境改善的生态追求。“少费多用”指借助先进的技术，用较少的物质和资源消耗，追求更加出色表现的空间，让建筑每个单元的投入获得最高的性价比。SI 住宅以“少费多用”理念为基础，通过科学的统筹与优化，减少浪费，使实施建设整个周期的投入小、能源消耗少、能量使用效率高，实现建筑全寿命周期总体低能耗、低投入、高舒适的生态居住目的。建筑的耐久适应各种需求的创作还体现在方案构思时的长远打算中，在设计阶段的方案合理的多功能考虑，可以让建筑“少费多用”，延长其寿命周期。提高建筑的耐久性还可以通过在设计中增加结构强度和维修性设计来实现。据结构专家估计，若能将结构强度增加 20%，理想状态下约可提升建筑寿命 1 倍以上。

建筑的耐久化设计以延长建筑物的使用寿命为目的，减少新建筑物的需求，从而节约有限资源并减少产生建造废弃物。维修性设计既包括对现有的建筑进行维护、加固改造、处理各类病害也包括预先更换各类设备管线的考虑。SI 住宅耐久性和适应改变的设计对于我国改善人居环境，节省土地等可以做出很大贡献，还可以比简单拆除旧房节省投资约 30%。可以用建筑人本论把 SI 住宅比喻成一个人，他是一个身体健康、头脑灵活的人，他骨骼健壮、适应能力强，长寿多福，甚至去世后还可以把身上有用的器官捐献出来。

四、户型的适应性变化

SI 住宅如何来满足各种生活方式的业主的需求？按照设计预期，当 SI 住宅的承重结构完工后，买到或者租到住宅的业主可以根据自己的生活方式进行适应性的改变。以甲乙丙丁四个家庭委托住宅建造方进行内部使用空间的设计和施工为例——甲户以一个创业的大学生为主，租到了一个居住单元，作为既可居住又能办公的 SOHO，宜商宜居；乙户是刚结婚的年轻夫妇，他们买到了一个居住单元，暂时为生计而奋斗，不必进行过多的装修，过着简约现代的生活；丙户是有小孩的三口之家，买到的是打通楼板的跃层户型，孩子有自己的卧室，室内有楼梯上下交通，夫妇与孩子分享成长的时光；丁户是一对老年夫妇，买到一个平层大户型的居住单元，因为其中一人行动不便，户内按照无障碍适老性要求进行二次装修设计，实现老年人不需要特殊陪护自主使用轮椅就可以安享晚年。

以上甲乙丙丁四个家庭生活在一栋住宅内，以一个标准化的住宅单元为基础，空间适应性变形，满足不同的个性化需求。每个家庭的入住不受左邻右舍的限制，入住后随着家庭的变化，生老病死，不断根据生活的需要进行空间和装修的变化，即便住宅几易其主，建筑作为城市空间的有机组成，可以保持长期持续的存在而不至于推倒重建。

近日，在河北省雄安，作为“千年大计”下计划出的新区，政府决心试点推广全新的住宅模式。而已经在欧美日等发达国家成功实践的 SI 住宅模式提供了一种潜在的选项，其生态的建构方式既可以保障居民的基本住房需求，同时维持房价总体保持稳定，还能提高建筑全寿命周期的综合价值，势必将成为一种极富活力的新型住宅建筑体系。

第四节　民用多层住宅生态智能建筑的相关研究

本节分析了生态智能建筑的内涵，提出了民用多层住宅生态智能建筑要合理选择建筑材料、合理利用自然通风、充分利用太阳能技术的实现方法。

随着科学技术的发展和国民经济的快速提升，人们对生活质量也提出了更高的要求，因此，对于民用多层住宅生态智能建筑的相关研究势在必行。住宅的生态智能化发展是我国社会进步以及人类文明发展的成果，也是其发展的必然要求。因此，在建设民用多层住宅时，为满足生态节能的要求，需要充分应用智能化技术，使民用多层住宅建筑内部更加多元化，并且趋向智能化的方向发展，从而有效的降低日常生活中对电能的消耗。另外，还可以应用智能自动化控制系统，监控建筑内部的运行情况，使人们的居住环境更加舒适和安全。

一、生态智能建筑的内涵

随着经济的迅速提升，世界各个国家越来越重视生态环境问题，为使建筑满足生态环境需求，需要借助高科技对生态智能建筑进行创造，此类建筑可以称为生态智能办公建筑。

从客观角度来讲，生态建筑被称为“节能建筑”或者“绿色建筑”，并不具有全面性。现阶段，生态建筑是指根据当地的生态环境情况，对其进行合理探析，然后应用生态学和建筑科学技术，对其进行现代化建设，对其他与建筑相关的因素进行合理的安排与组织，从而使其与环境进行有机融合，形成一个综合性的构筑物。

生态智能建筑在建设过程中，通常遵循生态系统良性循环的原则，以生态经济为发展基础，构建和谐社会，以现代科学智能技术为技术支撑，形成一种新型的建筑体系。生态智能建筑在建设过程中，需要对建筑赋予生命价值，由此，生态智能建筑与环境之间就有了密不可分的关联，二者可以相互作用，同时采用现代较先进的传输技术，以及网络信息等多项技术内容，形成一种智能且可调节的系统。在建造生态智能建筑时，还需要经过较为精密的设计，以最大限度地发挥其作用，及时解决建筑物硬件中存在的问题。与此同时，还可以运用较为先进的现代科学技术，对建筑物进行合理地设计，优化建筑物内外空间的利用率，使能源和空间可以在建筑系统内部，进行合理有序的循环，使能源的转换具有一定的合理性，有效地提高建筑物的节时和节能效果，使建筑物具有高效节能和环保的特点，进而满足生态环境对民用多层住宅的需求。

二、民用多层住宅生态智能建筑实现方法

（一）合理选择建筑材料

为实现民用多层生态智能建筑的目标，需要合理选择建筑材料。现阶段，在选择建筑材料的过程中，需要注意力学的性能和功能方面的作用，在选择结构材料时，通常采用具有耐腐性和高强度性的材料。装饰材料追求设计图纹的美观性，同时还需要满足客户的舒适性要求。随着时间的不断推移，全球范围内，各种可利用的能源逐渐短缺，且环境污染的情况也越来越严重。因此，在选择建筑材料的过程中，除满足上述要求外，还应满足节

能的需求，降低对生态环境的影响，另外，还需考虑建筑材料的选择是否满足人类环境可持续发展的需求。

随着各个国家对维护生态环境理念的重视，在建筑材料的选择方面提出了更高的要求。在选择建筑材料时，应注重每一个环节，如材料选择和材料加工等过程，这些环节都可能对自然环境产生极大的影响，并且与可利用能源之间具有一定的关联性。在选择建筑材料的过程中，为最大限度地避免对环境造成的影响，实现民用多层生态智能化的目标，需要分析与选择建筑材料相关的环节中存在的问题，并采取有效的措施，从而使建筑材料循环利用，提升环保效益，进而为民用多层住宅生态智能建筑的建设奠定良好的基础。

以某城市为例，该地区大部分居民居住在传统的窑洞式建筑内。随着时代的发展进步，现如今，大部分居民仍喜欢居住在窑洞式的建筑内，因此，在此地建造民用多层住宅生态智能化建筑过程中，需要遵循当地居住原则，满足低层建筑的要求，对建筑材料进行有效的利用，从而充分发挥建材的成本优势，同时满足智能生态建筑的需求。

（二）合理利用自然通风技术

从某种意义上来讲，自然通风就是一种较为古老且具有原始特点的技术，与现代技术的空调相比，自然通风技术是一种天然的资源，并且具有可再生的特点，成本低廉、且环保健康、程序相对简单。自然通风技术不仅可以在自然状态下实现降低能源消耗的目标，还可以为室内引进新鲜的空气，实现生理降温的目标，使建筑物中多余的热量得到有效排放，最终促进人与自然的协调发展。建筑物在进行自然通风时，可以采用的方法有很多，如借助风压以及热压等方式，或引用机械对其进行辅助，实现自然通风的目标，进而使建筑物达到通风的效果。以上文中的地区为例，该地区处在黄土高原地区，常年受风力的影响，且风力较大，一定程度上为建筑物进行自然通风奠定了良好的基础。因此，在对民用多层住宅进行生态智能化设计的过程中，可以通过风压、热压或将二者结合的方法，实现自然通风的目的。

（三）充分利用太阳能技术

截至目前，在众多可再生能源中，太阳能最具开发潜力，且太阳能的利用率对民用多层住宅用户有着极其重要的意义。通常而言，太阳能技术在转变为热能的过程中，可以借助集热装置，将太阳能有效转变为热能，之后，民用多层住宅用户就可以将此类热能进行转变，形成日常所需的机械能，从而带动发电机或其他电动机器的发展。从目前太阳能的应用情况来看，民用多层住宅对于此技术的应用较为广泛，如太阳能热水器、太阳能发电等多种应用方法。仍以上文地区为例，该地区属于黄土高原地带，太阳光照充足，因此，对于太阳能的利用较为便利，为当地民用多层住宅实现生态智能化的目标奠定了良好基础。

总而言之，民用多层住宅生态智能建筑是一种较为综合且具有较高水平的系统性工程，同时，建筑生态智能化，对于社会的发展也极具影响。为促使民用多层住宅进一步向智能化发展，且满足生态环境的需求，对于民用多层住宅生态智能建筑的分析势在必行。

第五节　高层住宅区建筑生态景观设计

当前，我国的高层建筑数量明显增加，同时人们对小区环境也提出了更高的要求。开发商也以此为契机更加重视小区的环境建设，高层住宅区的生态园林景观设计和建设也成了一个人们关注的焦点，其对居民居住的环境质量以及舒适度都有着十分明显的作用，所以我们必须要对此予以高度重视。

当前，人们对居住环境有着越来越严格的要求，同时开发商在关注建筑施工建设质量的同时，也将关注点放在了改善居民居住环境这一重要环节当中。在高层建筑发展的过程中，生态景观建设也是十分关键的一个内容，但是我们必须看到，在高层建筑生态景观设计和建设的过程中依然存在着较多的问题，因此，一定要采取有效措施加以改进和完善。

一、城市生态住宅区发展现状分析

我国现如今处于生态建设快速发展时期，在建设数量方面有了非常显著的变化，在经济发展水平较高的地区尤其明显。国内已经创建了一定数量的生态住宅区，还成立了生态城市。但其在发展中，人们对生态景观的理解不够透彻，废弃物处理的方式也不够先进、管理不够精细，生活污水处理不达标等，这些问题依然是当前需要面对的主要问题，故而在新城区发展的过程中，我们就需要将城市住宅区建设成为一个生态性较强的综合性社区。

二、现代住宅生态景观设计原则分析

在当今的高层建筑建设当中，生态建设越来越受到人们的关注和重视，创建和谐的生态园林景观主要是采用生态园林景观技术对小区内的花草和树木等进行科学安排，同时还应对绿植进行科学规划，以创建更为适宜的小区环境。

在高层建筑小区园林景观设计工作中，我们必须要采取适用性原则，要对小区是否能够应用生态园林景观设计方案进行科学评估，同时还要考虑设计方案是否能够满足小区居民的需要，其能否使小区居民满意等。园林景观设计的适用性也是最为基本的问题，只有其具有较强的适用性，才能更好地保证其经济性。采取有效的设计方式，能够充分利用资源，减少设计和建设过程中的资金投入。在保证其经济性的同时还要充分地满足人们对景观的审美需求，增强园林景观的艺术性。现今，人们的审美需求在不断提升，所以在园林景观设计中还应充分考虑到人们的审美需要，从而更好地满足人们的精神需要，促进精神文明建设。

三、高层住宅区景观问题分析

（一）容积率过高

容积率主要反映的是土地在特定范围内的建筑开发程度，其数值的大小与建筑的类型以及建筑周边的环境有着十分密切的联系。我国城市用地数量锐减，同时人口数量在不断提升，所以房价上涨也成为大势所趋，土地容积率的上升也大大促进了高层建筑建设的发展。

（二）室内风环境影响明显

我国高层建筑的快速发展使空间内的风环境影响也更为明显，高层建筑的出现尤其如此。再生风环境以及二次风环境对城市环境产生了十分显著的影响。在现阶段的城市建设和发展中，近低风的产生主要是以内建筑造型以及整体格局的影响，此外，周边建筑景观的布置、造型和地形因素也是一个非常重要的影响因素。建筑高度的提升使得建筑的布局也出现了较大的变化，近地面大气对建筑周边环境的影响也更为显著。

（三）绿化意识薄弱

在创建居住环境的过程中，一些高层建筑住宅区盲目增大绿地面积，片面地认为其只是住宅区建设的一项任务，同时也是生态景观建设中的唯一一个评价指标，认为好的建筑环境和生态环境只需要提高绿地面积，而这种意识存在着明显的认知错误。

四、高层住宅区生态景观设计的主要措施

（一）项目概述

某建筑开发公司开发的高层建筑住宅面积为20000 m^2，南北100 m，东西200 m，绿地面积占建筑总面积的4成左右，绿地较为平整。居住区周边的绿地为带式围合的形式，内部进行整体规划，这种建筑形式会给人一种比较古板的感觉，空间也不够开阔。项目场地中的居住建筑采用板式高层和点式高层的形式，为南北方向，由于其建筑布置形式使得绿地活动空间的设置受植物影响较为明显。

（二）生态景观设计布局规划

高层建筑住宅主要的功能是供人们居住和交往，因此，在高层建筑住宅区规划布局的过程中，必须要重视为居民提供一个优美舒适的生活环境。生态建设的思想一方面要保证

人们与自然和谐共处，同时还要创建一个更有生态特征的生活环境。因此高层建筑住宅区生态景观设计的过程中，一方面要充分满足人们的居住需要；另一方面还要体现其生态特征。自然条件应与人文因素有机结合，在高层住宅区规划布局的过程中，要充分考虑自然条件来确定建筑的具体方位，从而为人们缔造更加美好的生活空间。此外还要将自然景观与人工环境有机结合在一起，也就是借助建筑群、公共空间以及其他的元素来构建一个综合性的生态系统结构，即使空间较小，也能够为人们营造开展多种活动的空间，进而使人类的居住环境得以全面改善。

（三）生态景观设计基本手法

1. 打造生态绿化景观

在城市生活中，高质量的生活环境一方面需要不断提升城市的绿化面积，同时还要为人们提供更为综合性也更为全面的服务，形成一个有机循环生态系统。按照人类的生理和心理需要并在自然界运行规律的基础上，创建一个适宜人类居住的生活环境。其不仅仅是绿色空间，同时其外部的生活空间也是生态空间当中非常关键的一个组成部分。在设计中，我们必须要做好多个方面的内容。

首先，绿化层次一定要具有多样性，要从单一平面的绿化设计发展为综合性的立体发展模式，提高其层次性。形成一个综合性和集中化的绿地生态系统。高层建筑住宅区设计中可将屋顶空间设置成绿地或花园的形式，这种设计形式能够很好地转变原有的单一的设计效果，对绿地景观设计建设的发展也起到了十分积极的作用，促进了生态体系的多样化发展。高层建筑绿地空间的应用通常会比普通地面的绿化更受人们的关注和重视。

其次是人均绿地面积对住宅区的绿化指标有着十分显著的影响，但是绿地的适应能力也是在规划设计过程中必须要注意的一个内容，因此，我们必须要满足不同年龄段和不同群体的需要，进而保证其绿化环境的品质。

最后，绿化景观的意境也是在设计中应该重视的一个重要内容，人们在欣赏绿化景观的过程中，一方面要在视觉和嗅觉方面得到享受，同时还希望能够在欣赏的过程中使自己的心灵也受到净化和滋养。

2. 创建生态型亲和景观

亲和景观是指能够亲切融入并使人们容易接受的人居环境，这种生态景观也一直受到现代城市居民的关注。为了鼓励小区内人们的活动交往，避免高层建筑住宅区日益冷漠的居民交往和人际关系，高层住宅区生态景观环境要重视此类问题，尽可能地发挥其景观的优越性来改善这一矛盾。例如，某住宅小区在景观设计上，选用自然材料本身具有的颜色，而不是人工的，这样不但有良好的色彩效果，也可以有很好的质感。色彩在空间上是全方位的，空间的每个层次都应着力对色彩进行处理。上层包括乔木、建筑小品中的亭廊等；中层包括灌木、花坛、栏杆、桌凳等小品；下层包括地被、广场园路，每层中的色彩都很丰富。在空间序列上对色彩都有良好的把握，每个空间都有色彩的特点。这可以为居民提供可以停留休息的空间景观，也为大家交流活动提供舒适的环境场所。

3. 建设生态核心景观

高层建筑住宅区内人口数量较多，且其功能性较强、用地面积较小。核心景观的功能复杂性最为明显，其一方面要体现其绿化景观的基本功能，同时还要满足人们聚会、停车等多项活动的需要。所以，在高层住宅区的生态景观中，我们必须要重视核心生态景观的建设。其对整个住宅区都有着十分积极的意义。核心景观的地理位置具有显著地灵活性，虽然其称为核心景观，但也并不都布置在小区的核心位置。在设计中其要充分结合住宅景观的设计要求，从而为所有的居民提供最大的便利和最为高质量的服务。核心景观设置的过程中还应对周边环境和空间形式予以全面考虑，采取多紧邻开放空间设计形式，其一方面能够展现非常好的空间景观功能；另一方面又能给人们的生活增添更为丰富的色彩，进一步改进园林景观的设计效果。

当前，我国的经济发展水平不断提高，人们对居住环境的要求也愈加严格，开发商在高层建筑开发建设的过程中应将生态建设摆在重要位置，同时在设计和建设的过程中还要坚持以人为本的原则。只有这样，才能设计出更加令业主满意的设计方案，进而为人们提供更加全面和完善的服务，在满足建筑经济效益的同时，也提高了高层住宅区的生态效益。

第六节　生态住宅室内微环境建筑设计

随着生态住宅理念的提出，人们对住房品质的要求越来越高，这也成为建筑行业新的发展趋势。文节以室内微环境建筑设计原则为指导，从光环境、声环境、室内温湿度控制等方面阐述了生态住宅内微环境的建筑设计，期望为相关研究提供参考。

随着社会经济的不断发展和生活水平的显著提升，人们对生活品质提出了更高的要求，其中居住环境就是重点关注内容之一。在这种情况下，生态住宅的建筑设计理念被提出来，成为关注焦点，有利于促进建筑行业可持续发展。在进行生态住宅设计时，人们更重视室内微环境的设计，生态住宅与室内微环境是息息相关的，二者是否能够更好地相互依存，直接影响建筑产品日后的使用质量。

一、室内微环境建筑设计原则

（一）满足人们生活需求

如今，人们的生活水平提升较快，随着改变的就是人们的生活方式，生态住宅环境成为新的主题要求，在进行生态住宅室内微环境建筑设计时，全面考虑消费者利益非常重要，主要涉及消费者的心理需求、对居住环境的需求等，当然最主要的就是人性化的体现，说白了打的就是心理战。

（二）考虑到建筑改造性与适应性

为了确保生态住宅室内微环境与居住者需求变化相一致，还需要注重生态建筑的可改造性与适应性。包括实现住宅配置升级、扩充住宅配置等，这也是用户日益增长的需求之一。因为周围环境变化太快，所以需求变化自然加快。比如，天台花园的设置，这是居住者想要亲近大自然的一种表现，同时扩大了可活动的空间，使得居住者拥有更开阔的视野与放松的心情。

（三）降低施工能耗

生态住宅的建筑理念不仅要满足居住者的实际需求，同时还要有利于可持续发展，也就是节省资源。比如，住宅装修一次性到位，杜绝毛坯房的做法，促进住宅的一体化设计及其施工，从而最大限度地降低施工能耗，既避免了二次能耗，又节省了时间，一举两得。

（四）保证生态空间内布局和谐

在进行室内微环境建筑设计时，应充分考量生态空间内的布局是否和谐。人们心里的感受与生态空间所呈现出的舒适度有直接关系，其中占主要影响地位的是空间布局。空间布局直接影响居住者视觉感受的好坏。一般当住宅空过大时，居住者会感觉室内缺乏温馨感，没有生活氛围；空间如果过小，又感觉过于拘谨。因此，在考量住宅空间时，布局也是一个很关键的因素之一，设计时必须与居住者的生活行为习惯与规律相一致，既要满足居住者的基本需求，又要体现安全性与舒适性，从而创造文明和谐的住宅生活环境。

（五）注重生态性与艺术性相统一

在生态住宅中，室内微环境设计与生态性、艺术性息息相关。只有尽可能地处理好建筑本身、室内外环境、自然环境三者间的关系，才能使得室内微环境体现以人为本，让人感觉到舒适、安全。为了体现生态性与艺术性，建筑产品本身及室内环境必须归于自然之内，只有这样，才能在室内环境中体现出原本只在自然环境中才能体现的艺术性。例如，以建筑基本格局作为衡量基准，进行室内微环境的设计时，结合周围环境实际特点，布置一些绿色植物，就能让人感觉充满绿意，给人清新自然的感觉，既能满足人们对室内格局的要求，又能满足审美与健康需求。

当然，除了设计本身以外，体现生态性与艺术性，还要考虑材料是否环保、是否可循环利用、是否节能、是否具有舒适性等。在环保方面，必须考量材料本身是否环保，至少确保材料中不含有危害自然的某些成分，此外就是材料的循环利用率。在节能方面，选择环保型的产品，比如节能灯、光电板、水具等，为了确保室内的冬暖夏凉，可使用太阳光二极管玻璃窗，从而达到节约能源的效果。在循环利用方面，室内生态绿化采取多层次的设计，栽培植物使用腐殖土生成技术、防水处理技术等。入住前，需清除室内所含有的甲醛，以确保室内的环境健康，实现生态调节。此外，改善室内环境还可以充分利用建筑本身可以实现的自然通风，从而将自然生态一直延伸到室内中。在舒适性方面，主要以人的感觉为考量因素，采取一定的方式，使得室内空间体现出人性化与方便性。除了以上这些，对于一些特殊群体也要进行人性化处理，比如老年人腿脚不便，可设置一些扶梯；残疾人则应充分考虑其方便性，可设置一些触摸感强的提示标志。总之，应该重视使用者内心真正的需求。

（六）以人为本，注重可持续性发展的设计理念

以人为本可以体现在多个方面，比如，个人私密空间、个人社交需求等。在进行生态住宅条件设计时，考虑影响人们身心的各种因素，并进行综合分析，从而构建出和谐的室内生态环境。此外，在进行生态住宅室内微环境的建筑设计时，可融入一些文化与艺术相关内容，以丰富生态住宅内涵，从而达到多种资源共享。

二、生态理念下室内微环境建筑设计

以某处生态高品位楼盘为例，小区周围所设置的景观与周围环境完美融合，家家都是花园式的私家庭院，显得非常尊贵高雅。

（一）光环境设计

室内每个角落都要有光线的射入，因为人们根本离不开光线。正是因为这样，建筑室内设计时，必须合理地利用光线，对光与照明进行科学设计，为人们营造良好的居住环境。在进行光环境设计时，应充分考量人与自然的关系。该项目给建筑进行选址时就充分考虑了日照条件及与周围环境是否相互影响等细节。通过多次反复实践，该项目的日照时间可以达到 10 h 以上，而且不同建筑间也符合采光的要求，有效规避了相互间的影响。各建筑间的距离超过 10 m。除了考虑日光问题，还在位于西侧的建筑群体顶端增设了集光器与导光管。

该建筑所设计的通风窗与建筑中庭搭配协调，并充分开发了自然光能利用系统，对于住宅相当有利，特别是白天可以利用到自然光能，有效地降低电气照明，节约能耗，与不同季节对室内冷暖的要求相一致，又不会超负荷。对于室内光环境设计，合理规划了室内空间布局，通过窗户最大化地利用自然光源。在天窗选择上，以确保均匀照度为基础标准，以免发生眩光。在室内照明方面，以节能光源作为优先能源，比如，厨房采用欧普灯 MI-KL 型；客厅采用飞利浦灯 HG-2 型。此外，对室内光源的控制方式进行了优化，光源

开关采用的是节能性强得多并联控制方式。

（二）声环境设计

恶劣的室内声环境会对人们的生活造成严重影响，不仅降低人们的生活质量，而且使人心情烦躁，长此以往危害人们的身心健康。在选址时，该项目避开了噪声区，其周边环境相对清幽。此外，其东侧附近有一个火车站，因此，在东侧设置了一个隔声带，种上了一些隔音效果好的树木。该项目在内部设施建设方面，文化娱乐场与健身场地相对住宅楼较远。住宅内部分设动、静两区，厨房与卫生间使用垂直设计，遵循住宅卧室远离机房、电梯井道的原则。而且，住宅水泵也采用的是最新型消声系统。墙体所选材料为隔声材料，有效地控制了住宅楼板的噪声。门窗也选择降噪声材料，从而大幅度的改善室内整体声环境。

（三）控制温湿度

好的室内热环境会让人感觉到身心舒适，而且人们所能承受的温度也是有限的，因此必须采取适当方式有效地调节温度负荷。在温度控制方面，该项目主要创造自然风可进出的条件，合理设置通风管，墙体材料使用保温隔热材料，此外，还加入了膨胀珍珠岩或粉刷石膏，从而起到节能的作用。门窗属于建筑中散热比重非常大的部分，该项目选用的门窗是采用新型材料制作的，同时还减小了门窗的空口面积。空调设备选用的是置换式送风系统，相对湿度也被调节到 50% ~ 60%，有效地避免或减少了室内真菌的滋生，同时利用了清洁能源，比如风能、太阳能。

（四）保持室内空气流通

设计室内风环境时，需以自然通风为主。自然风是一种天然风，能够为人们提供最为新鲜的空气，有效地对空气质量进行调整与改善。该项目设计时，注重了空气的流通性。在选址时，对周围土壤中有害气体及放射性物质的含量进行了测定，同时住宅建筑所用材料也通过了质监部门的检测。空气环境控制应用自然通风系统，以降低空调负荷。同时，还增加了室内空间高度，促进了室内的空气流通。在厨房布局时，增设辅助阳台，确保通风。阳台未采用封闭式设计，而应用的是最新的烟风道系统。

（五）选择适合的家居配饰

生态住宅内的微环境受到人与自然和谐关系的影响，首先应该充分尊重居住者的视觉美感，其次就是体现微环境设计理念。该项目在进行室内格局布置时，增设了许多形态各异的绿色植物及小盆栽，很好地装饰了室内环境，给人以视觉享受。此外，也非常重视植物的摆放，以符合其自身生长的需求。

我们建议该项目的入住用户使用木质家具，充分利用原生态的美。同时，在客厅多摆些仙人掌、米兰及龙血树，以净化空气；在卧室内摆放紫茉莉、晚香玉及丁香等具有驱虫杀菌功能的植物。当然，所选的绿色植物颜色要与室内整体色调相一致。

生态住宅室内微环境建筑设计是建筑设计领域的新方向，本节对室内微环境的设计原则进行了全面的分析，并遵从以人为本的理念、结合实例，探讨了生态住宅室内微环境建筑的设计，以达到人与自然的和谐统一。

第六章　生态住宅建筑节能设计研究

第一节　住宅建筑生态节能设计基本概念

绿色住宅建筑节能设计是一项重大且持续的工程，从小区规划设计、建筑单体设计、建筑细部设计到建筑周围环境的设计，每个环节都相互影响、相互制约，而且还涉及其他很多方面，如新材料、新技术、新工艺的应用，再生能源的开发和利用等。因此，我们在做节能设计时，要进行综合考虑，按照因地制宜、整体设计及全过程控制的原则，结合气候、经济、技术等多方面因素全面展开，进行住宅节能设计和优化。

一、绿色住宅建筑设计的内容

（一）全寿命周期的概念

全寿命周期主要强调建筑对资源和环境的影响在时间上的意义。建筑从最初的规划设计到后续的施工建设、运营管理及最终的拆除，形成了一个全寿命周期。关注建筑的全寿命周期，意味着不仅在规划设计阶段充分考虑并利用环境因素，而且要确保施工过程中对环境的影响减至最低，运营管理阶段能为人们提供健康、舒适、低耗、高效、无害的空间，拆除后又对环境危害降到最低。建筑对资源和环境的影响要有一个全时间段的估算，建筑初期投入可能很低廉，但是运营成本可能会很高。

（二）强调最大限度地节约资源，保护环境和减少污染

建设部提出了“四节一环保”的要求，即着重强调节地、节能、节水、节材和保护环境，这也是我国建筑业可持续发展面临的主要问题。保护环境、减少污染、资源的节约和资源的循环利用是关键，“少费多用”做好了必然有助于保护环境、减少污染。

（三）满足建筑根本的功能需求

保证使用者的健康是最基本的要求，节约不能以牺牲使用者的健康为代价。“适用”

强调的是适度消费的概念，决不能提倡奢侈与浪费。高效使用资源需要加大绿色住宅建筑的科技含量，比如智能建筑，通过采用智能的手段使建筑在系统、功能、使用上提高效率。

（四）建筑要与自然和谐共生

建筑业再也不能延续高消耗、高污染的传统建筑发展模式，必须大力发展绿色住宅建筑，才能适应现代城市生态建设发展的需要。不然，将会在建筑领域再次重蹈先污染后治理的覆辙，危及后代子孙的生存。发展绿色住宅建筑的最终目的是要实现人、建筑与自然的协调统一。

二、绿色住宅建筑的生态节能设计策略

（一）自然通风设计

从节能和舒适的角度考虑，自然通风是设计中要注意的一个很重要的问题，在建筑设计中平面应避开冬季主导风向，充分利用春、夏、秋季凉爽时段的自然通风，通过被动方式，利用室外气流带走室内产生的余热，从而保证室内的热舒适性，并缩短空调开启时间，达到节能的目的。

（二）建筑朝向设计

朝向对建筑能耗的影响也十分重大。太阳的辐射得热在夏季会增加制冷负荷，在冬季则能降低采暖负荷。朝向选择时应从当地气象条件、地理环境，建筑用地等全面考虑，从节约用地的前提出发，优先采用本地区的最佳或接近最佳朝向，满足冬季能争取较多的日照，夏季避免过多的得热，还应有利于自然通风，从长期实践经验来看，南向是我国各地区较为适宜的建筑朝向，但在建筑设计时会受到各方面因素的制约，不可能都采用南向，就应因地制宜合理确定建筑朝向，以满足节能与舒适的要求。

（三）建筑体形系数

建筑体形系数是节能建筑设计特别要重视的问题。体形系数就是指建筑物的外表面积与外表面积所包围的体积之比。建筑体形的变化，直接影响建筑采暖空调的能耗大小，体形系数越小，从降低能耗的角度出发，应将体形系数控制在一个较低的水平，但过低的体形系数会压制建筑设计师的创作灵感，平面布局受到限制，使建筑造型呆板，使用功能不能合理的安排。因此，在具体的设计过程中，须权衡利弊，合理确定建筑造型，凹凸面不要过多，尽可能减少建筑的外围护面积避免体形变化过多而使体形系数增大，应将体形系数定在一个标准规定的范围内，以减少建筑能耗。

（四）外墙的保温隔热性能

由于外墙在整个建筑外包面积中占的比例最大，对建筑能耗的影响也最大。在严、寒地区冬季室内外温差达 30 ~ 60℃以上，墙面传热造成的热损失非常可观。因此墙体的保温隔热是建筑节能的一个重要部分。在设计时应控制墙体的传热系数，采用保温性能好的砌体，如加砌混凝土自保温砌体，也可采用多层复合墙体，根据保温层位置的不同，复合墙体可分为外保温，内保温及夹心保温墙体，每种保温形式有各自的公有特点外墙内保温和自保温由于结构的原因很难消除冷桥热桥，而采用外保温，则由于保温层覆盖整个外墙面而有利于避免冷桥热桥的产生，内保温还会受二次装修的影响，并占用室内空间，国家已开始限制在居住建筑内使用它，但对于少量使用的墙体内保温是合理的。夹心保温是两侧为墙体材料中间为保温材料，这种材料有利于其内外装修的优点。另一方面，外墙外保温体系可以保护主体结构，延长建筑物使用寿命，也可以方便地对旧有建筑物进行节能改造，从长远来看，外保温的优越性明显高于其他形式，因此外墙应优先采用外保温来达到节能目的。

（五）门窗的保温隔热性能

在整个建筑物的热损失中，门窗缝隙空气渗透的热损失则占 20% ~ 30%。所以，门窗是围护结构中节能的一个重点部位。门窗节能主要从减少空气渗透量、减少单位面积传热量等方面进行。减少渗透量可以减少室内外冷热气流的直接交换而增加设备负荷，可通过采用密封材料增加窗户的气密性；减少传热量是防止室内外温差的存在而引起的热量传递，建筑物的窗户由镶嵌材料和窗框、扇型材组成。为此，要加强节能型窗框和节能玻璃等技术的推广和应用。塑钢门窗不仅防噪隔声功能显著，防雨水渗漏能力强，空气渗透量小，更主要的是塑钢门窗的导热系数极低，隔热效果优于铝材 1250 倍，在采暖和制冷上，能耗要低 30% ~ 50%，室内空调的启动次数明显减少，耗电量也显著减少。

（六）屋面的保温隔热性能

屋面在整个建筑围护结构中所占的比例虽然远低于外墙，但对顶层房屋而言，却是比例最大的围护结构，其保温隔热性能的好坏，直接影响顶层房屋的室内热环境与建筑能耗，与外墙一样，也应控制传热系数，采用高效保温材料作为屋面的保温层，根据保温层的位置分内保温和外保温，一般屋面大多采用外保温，传统的做法是保温层设在防水层内，现在更科学的做法是保温层设在防水层外的倒置式保温屋面，既提高防水层的耐久性，又达到保温隔热效果。

（七）采暖系统的节能

城市供暖实行城市集中供暖和区域供暖，合理提高锅炉的负荷，改善锅炉运行效率，采用管网水平衡技术，以及加强供热管道保温，可以大大提高热效率。除此之外，应该运用高技术成果开发高效节能的建筑设备，利用可再生能源，充分提高采暖空调系统的用能效率，从而节约能源。

总之，绿色住宅建筑是指在住宅建筑的全寿命周期内，可最大限度地节约资源（节能、节地、节水、节材）、保护环境和减少污染，为人们提供健康、适用和高效的使用空间，与自然和谐共生的建筑。是消耗最小的能源、资源与环境损失，换取最好的人居环境的建筑。绿色住宅建筑设计的基本内容：在人与自然协调发展的基本原则下，运用生态学原理和方法，协调人、建筑与自然环境间的关系，寻求创造生态建筑环境的途径和设计方法。体现人、建筑环境与自然生态在“功能”方面的关系，即生态平衡与生态建筑环境设计和“美学”方面的关系，即人工美与自然美的结合。

第二节　生态宜居住宅建筑节能设计

目前，随着我国经济的可持续发展，资源节约型、环境友好型社会的建设已经是人心所向、大势所趋。对于建筑行业来讲，为了实现其节能环保的愿景，我国大多数城市已经将绿色建筑作为城市发展的战略，绿色建筑势在必行。针对绿色建筑的理念、评估标准和发展的目标三个方面进行分析，将我国奥运场馆作为设计实例，从生态宜居住宅设计方面进行描述，以便于在全国绿色建筑理念的基础上，将绿色建筑理念的生态宜居住宅设计进行到底。

绿色建筑是说在建筑的使用年限内，可以最大限度地节约资源（节能、节地、节水、节材）、保护环境以及减少污染，为人们提供高效、健康及适用的使用空间，还可以与自然和谐共生的环保的理想建筑。近年来，经济的可持续发展以及资源节约型、环境友好型社会战略的实施，我国将绿色建筑理念作为建筑行业的战略目标，这一举措的实施，不仅有利于人与社会的和谐相处，更重要的是又为我国建筑事业的工作者提出了新的挑战。

一、坚持绿色建筑的设计理念

绿色建筑的设计理念，主要是尽可能地减少环境的污染，节约资源，进而为人们创造一个安全、高效、健康、舒适的生活环境，而且与大自然和谐相处节能环保的建筑。绿色建筑主要是运用能源的有效节约及利用的方法来实现低负荷环境下节能生态住宅的发展，它能够将人与环境以及建筑三方面相互依存的生态建筑模式体现出来。绿色建筑将以人为本的建筑理念融入建筑中，进而为人们提供一种健康、适用、高效的空间，通过这种环境能够使人们心理上和生理上得到极大的满足，而且还在一定程度上提高人们的生活水平及生活质量。绿色建筑设计的过程主要是将资源的再利用和污染物的零排放作为设计原则，将资源尽可能的重复利用、节约能源。绿色建筑是科学发展观理念和思想的充分体现，它不仅有效促进了建筑业以及传统建材的发展，改进了我国房地产的产业结构及建筑结构。与此同时，绿色建筑还对居住城市的生活安全稳定产生一定的影响，而且有效地维护了生态环境建设系统的健康安全。因此，坚持绿色建筑设计理念，以人、建筑和自然环境的协调发展为目标，在利用天然条件和人工手段创造良好、健康的居住环境的同时，尽可能地控制和减少对自然环境的使用和破坏，充分体现向大自然的索取和回报之间的平衡，将绿色建筑设计理念深入人心。

二、坚持绿色建筑评估标准准则

2005 年我国颁布了关于绿色住宅建设的相关标准及规范，颁布的主要目的就是为了实现建筑工程技术的有效推动及发展，将建筑的资源以及能源可以最大程度的进行应用。而且能够有效地在环境性、安全性、经济性、适用性和耐久性等五大性能方面列出具体详细的技术指标，进而绿色建筑的真实内涵体现出来。为了给我国绿色建筑提供一个可靠的标准，促进其发展和进步，在 2006 年和 2007 年，我国住房城乡建设又相继颁布了一系列评估标准和规范，为我国绿色建筑评价标识制度的建立奠定了基础。我国在 2008 年又对首批绿色建筑设计者进行了奖励，以此进一步指明了我国绿色建筑的发展方向。

三、坚持绿色建筑的发展目标

我国以实现绿色建筑的总体发展作为可持续发展的战略目标，进一步推动了我国绿色建筑的发展，以极为全面的法律法规和可行的国家政策作为战略发展的主要参考，然后最大程度的推动绿色建筑的发展，通过高端的科技创新水平为绿色建筑打下基础，以正常使用年限的周期作为实践的前提。我国的绿色建筑最基本的发展政策贯彻落实科学发展观，切实转变城乡建设模式和建筑业发展方式，提高资源利用效率，实现节能减排约束性目标，积极应对全球气候变化，建设资源节约型、环境友好型社会，提高生态文明水平，改善人民生活质量的同时制定出符合我国基本国情的绿色建筑设计规划，进而建立科学合理可持续发展的评估体系。

四、坚持绿色建筑节能环保原则

绿色建筑理念坚持的主要是资源节约、环境友好以及节能高效等几个方面。其中最重要的方面就是能源方面。即使我国资源丰富、地大物博，也不能无尽的消耗，我国有些资源的消耗量非常大，但是利用率却较低，甚至出现浪费严重的现象。怎样有效地节约资源，减少资源的浪费以及提高能源的重复利用率？将成为我们需要讨论的问题。不管过程多么艰难，我们都要将发现新能源以及合理利用能源的理念融入绿色建筑生态住宅设计和施工过程中来。

近年来，随着人口的急剧增长，我国的土地资源严重匮乏，节约土地已成为当前我国高度贯彻的政策。有效地节约土地资源，并有效地改变居住环境和模式，就需要人们从人均生态足迹以及土地生态价位等几个角度来进行考虑，有效的评价一个建设项目对土地资源所产生的影响，就要看其对土地的生态总价位的影响，从而有效地提高建设项目的生态价值。对于政府来讲，一定要积极鼓励大家开垦荒地、劣地来进行项目的建设，进而提高土地利用率的同时还能实现绿色建筑。对于施工单位来讲在进行项目建设的过程中，尽最大可能地选择绿色建材，节约能源的同时保护环境要尽可能地选择绿色建材，选择节能环保和经济性能较合适的建筑材料最有效的方法就是就地取材，要尽可能地避免使用会释放有害气体的建筑材料，并尽可能地选择可再度利用的建材，不要使用一些含有有害物质的建材，选材的时候要看是否可以重复利用，以节约建筑材料。例如，钢结构高层建筑和一体化钢结构。

五、坚持以绿色奥运为特色

我国奥运场馆的建成，充分展示了绿色建筑的设计理念，所有的奥运场馆都有效实现了 50%以上的节能目标，有些建筑甚至能达到 65 ~ 75%以上，同时还在外窗和外围护结构上有效实现了节能目标。在积极推广和使用新型能源方面，主要采用了地源、水源热泵、太阳能光伏发电和集热技术等技术，有效提高了绿色能源节能的比例。在进行奥运场馆的建设过程中，无论是从方案设计、选址以及现场的建筑施工，均在一定程度上考虑到了土地资源的节约和利用情况，例如，奥林匹克公园中心的地下通道，主要呈树枝状分布，能通往“鸟巢”以及“水立方”等比较重要的比赛场馆；其中心区的地下车库更是充分考虑了土地的有效利用，能有效提供超过千余个停车位；同时，对于“水立方”地下空间的有效利用，还在一定程度上达到了有效控制水温和水流等多种功能。我国的奥运场馆在进行设计和建设时都落实了中水和雨水的并用，有效满足了节约水资源的要求。因为在全部的场馆中都应用了中水技术，有效实现了污水的零排放，能分别满足奥林匹克公园景观水系和绿化冲洗水量每年 312 万 t 和 157 万 t；另外，还在极大程度上加大了对雨水的回用力度，6 个地下蓄水池一年内能有效处理水资源 5.8 万 m^3。绿色奥运场馆的建设，无论是在设计、规划、建设以及使用等诸多方面，都有效实现了绿色、节能、环保的目标。它为我国基于绿色建筑理念的生态宜居住宅设计提供了参考和借鉴，并指明了我国绿色建筑发展的方向和标准，为我国绿色建筑设计人员树立了学习榜样。

总之，绿色建筑是一项节能、环保、高效的系统工程，它不仅是建筑设计人员的责任，更是我们每一位建筑工作者积极参与的重要任务，所以在进行绿色建筑工程的建设时，我们要充分发挥自身的优势，为绿色建筑的发展贡献自己了力量。

第三节 “生态建筑”与“节能建筑”的异同

本节阐明了生态建筑与节能建筑的含义，对两者的共性和个性分别展开了研究与分析，得出生态建筑和节能建筑将成为未来建筑的重要发展方向。

随着经济社会的高速发展，人民的生活水平不断提高，人们在满足衣食之外更加注重功能性的选择，其中，追求高质量高品质的生活环境表明了人们对于建筑的要求越来越苛刻。相对于人们无限的欲望，可供利用的资源却十分的有限，人多地少的国情更给资源利用带来了不小的压力，除此之外，资源密集是我国经济建设中产业的主要特点，消耗大、效率低、途径少，随之的带来了一系列令人担忧的问题：资源的大量浪费、环境的严重污染、人们的健康得不到有效的保障等等。由上可知，生态建筑和节能建筑将作为拥有巨大潜力的新选择进入人们的生活中。

生态建筑是人与自然的和谐，然而生态建筑并不等于绿草如茵、花团锦簇，植物并不是衡量生态建筑的唯一标准。生态建筑的概念是最大限度的利用现有资源和条件，运用科学的知识合理的设计，建造舒适环保的生活住宅，一方面，它讲究可持续，“满足当前的需要又不削弱子孙后代满足其需要能力的发展”，主要表现在倡导节能环保，保证对资源的最大利用，提高对能源的利用效率，减少环境污染；另一方面，贯彻以人为本的理念，将新兴生态技术与有关生态观、有机结合观、回归自然观等环境价值观相结合，统一建筑和环境之间的关系，来提高人民居住品质和平衡与自然、建筑之间的关系。因此，生态建筑将成为新世纪新建筑的重要发展方向。

节能建筑是在对建筑规划分区、群体和单体、建筑朝向、间距、太阳辐射、风向以及外部空间环境充分了解研究后，以低耗能为特色的建筑。节能建筑的前提是因地制宜，根据不同地区不同的自然条件，正确处理节能、节地、节材、环保之间的关系。以气候设计和节能为原则，结合公众需要。降低能源的消耗，并且将不断提高能源的利用率作为根本目的，建设一个环保节能的绿色住宅。发展节能建筑对于我国的资源利用有着举足轻重的作用。

一、“生态建筑”与“节能建筑”的共同点

（一）贯彻相关政策与法规

我国正处于经济发展的加速阶段，面对巨大的人口数量和有限的自然资源，建筑产业备受压力，国家对能源的节约，人民居住条件的改善给予了越来越多的重视。为了响应可持续发展战略，从 20 世纪 90 年代开始，我国便陆续有效开展相关建筑节能的工作。1990

年，建设部提出了“节能、节水、节材、节地”的战略目标；1998年1月1日正式实施《中华人民共和国节约能源法》，其中建筑节能与生态保护成为其中明确规定的内容。紧接着国家又陆续出台和实施了节能建筑和生态建筑相关法规政策，环境保护与经济建设两手抓，不仅要不断地增强可持续发展的能力和改善生态环境，还要提高资源的利用效率，加强人与自然的联系。

（二）节约资源

两者都强调资源的合理有效利用，重视环境保护在经济发展中的作用，一方面，注重新能源如太阳能的采集和使用，不断的开发其他可供利用且效率高的建筑材料，发挥其自带优点以减少对空调等高能耗电器的使用。另一方面，合理有效地利用资源，发挥资源的最大利用效力和效益，减少能源的浪费与消耗，提高能源的利用效率。

二、“生态建筑”与“节能建筑”的不同点

（一）效益不同

生态建筑是经济效益和社会效益的结合，没有废弃物只有放错地方的资源，它充分利用光热水等自然资源，以减少对资源过度的消耗，体现了对资源的合理利用同时也最大化地降低了对环境的污染。它不仅完美地结合了经济效益与社会效益，也将重点更多地放在社会成本上，改善室内室外环境以为人们打造舒适自然的绿色住所，在打造舒适住所的同时也保障了居住者的生命健康。而节能建筑则与生态建筑有所不同，它侧重于经济效益，我国的建筑大部分属于高能耗建筑。建筑能耗约占全社会总能耗的百分之三十，总量庞大，潜伏着巨大的能源危机。为了贯彻落实可持续发展战略，进一步提高经济的发展，相关建筑节能设计标准规定陆续出台，节能与发展成为关注的重点。

（二）特征不同

节能建筑在于节能，一方面要因地制宜，要保证其适应性和灵活性，不同地区下的环境各有不同，不同地区下的人文特色和条件也各有千秋，能源消耗量不是固定不变的，它会随着地区的温度、湿度、光照不同而随之改变，另一方面则是要体现其经济性，节能建筑的造价一般高于同类建筑，但也要严格地控制在一定的价格区间之内，不得超于一般同类建筑物的百分之二十。生态建筑的着重点则在于环保，不仅要对资源进行合理利用，降低能源的消耗，也要重视环境的保护，降低污染，促进社会、自然、人类的循环发展。

全面、协调、可持续发展离不开生态保护和资源的有效利用，发展节能建筑和生态建筑能够带动多个产业的发展，从而带来巨大的经济、社会、生态效益，同时，两者都强调以人为本、人与自然和谐相处、注重对环境的保护。由此可见，发展节能建筑和生态建筑具必将是未来建筑产业的必然趋势。

第四节　生态建筑建材的节能方式研究

伴着我国经济的逐步攀升，工业化进程的不断加速，随之带来的影响也不断扩大。雾霾的产生让人们越来越关注环境问题，而建筑行业造成的环境污染，已经被建筑从业人员关注。越来越多的人不再满足于有房子住，而是对建筑物的舒适、绿色、环保提出了更高的要求。本节对生态建筑和生态建材进行阐述，并对生态建材的节能方式进行了分析。通过研究生态建材不同的节能方式，针对不同的建筑，选择更加合理的生态建材。

进入 21 世纪以来，我国始终在倡导可持续发展，不论是经济的可持续发展还是社会的可持续发展，都需要以大自然为根本，与自然环境协调一致。建筑行业在过去近二十年的发展中，发展速度快，迅速成为我国的支柱产业之一。但同时对环境产生的负面影响也极为严重，主要包括对能源的消耗、有害物质的排放以及建筑废弃物的处理等。建筑行业对环境的影响很大一部分来源于建筑材料，所以，生态材料对生态建筑的发展有着至关重要的作用。生态材料的使用不仅可以减少资源的浪费，同时可以保护环境，更能够实现真正的绿色建筑，所以对生态材料的研究非常必要。

一、生态建筑与生态建材概述

具体的生态建筑，是指能够结合建筑当地的自然环境，运用科学的技术手段，使建筑与自然中的各种因素合理的融合在一起，从而形成一个良性的有机体。这样的建筑具备良好的室内气候条件，能够很好地满足人们对居住环境的需求，使人与自然相结合。从一定的层面来讲，生态建筑不是单指某一个或某一类建筑，生态建筑是一个宏观的概念。例如，在选择生态建筑的材料时，最好能把这个建筑放到一定的区域方位内去思考，而不是单从这一个建筑上去考虑。

生态建材通常有很多名称，比如经常听到的“绿色建材”“环保建材”都是指生态建材，它是指一种既安全又环保健康的建筑材料，更关注材料本身对人体、自然环境的影响。这一类材料对自然的资源消耗少，一般情况下使用城市的固体垃圾进行生产，使材料达到无污染、无毒害、保护环境的目的。生态建材并不局限于一个环节，而是一个系统工程的概念，从材料的设计、生产、应用到废弃物的处理，整个过程中都要与环境相协调。随着人们环保意识的不断增强，使用健康、高效、舒适、优美的环保型建材——“生态建材”成为追求的目标。

二、生态建筑的建材节能方式研究

（一）可再生能源建材节能方式

1. 利用太阳能节能

建筑行业中对太阳能的利用已经非常普遍，可以分为太阳能光热应用和太阳能光电应用两种方式。

太阳能的光电应用在发电站应用的情况较多，对于居民个户还没有很好实现单独的太阳能光电应用。太阳能光电应用分为独立光伏发电系统和并网光伏发电系统，应用广泛的是并网光伏发电系统。这个系统是将太阳能发电站所产生的电能，通过光伏并网逆变器和相应的控制系统，输送到外部的电网中，再通过电网传送到各家各户。在我国将来的发展中，需要加大对光伏发电的普及力度，更多的关注光伏发电在日常生活的照明与电器中的应用。

2. 利用地热能节能

在生态建筑中，很多地方会用到热泵这项技术，是可以使能量从低位热源流向高位热源的装置。通俗地来说，热泵可以将空气、土壤等所含的不能直接使用的低位热能转化为能够利用的高位热能，从而节约煤炭、石油等燃料。在我国北方地区，最常用的是地下水源热泵，与传统的空气热泵相比，地下水源热泵节能性更好。

3. 利用生物质能节能

生物质是一种可再生的物质，它来自于植物、动物和微生物中。主要包括几方面：农作物秸秆和农业加工残余物；林木和林业加工剩余物；人畜粪便、工业有机废物和水生植物；城市生活污水和垃圾。在生态建筑中，有机物经过微生物发酵所产生的沼气可以为人们提供日常所需的能源。这不仅是一种良好的利用形式，也可以与太阳能、热泵相结合，共同实现低碳建筑的远大目标。想要实现建筑物的零排放，甚至可能产生能量输出建筑，只有对可再生能源的合理利用才能实现。

（二）被动式建材节能方式

1. 被动式节能方式定义

被动式节能方式是指在降低建筑物能耗的同时不使用机械电气设备的技术，这种技术对建筑设计的要求很高，但对机械电气设备的要求较低。详细的来讲，在生态建筑的设计过程中，通过对建筑朝向的布置、遮阳的设计、有利于自然通风的开口设计、建筑外围结构的保温隔热技术等，实现建筑物对采光、通风、采暖、空调等能耗的降低。通俗地来说，这种生态建筑即使在零下二十摄氏度的室外温度下，不需要空调或暖气的热量支持，自身就可以维持适宜的温度。这说明建筑物不需要主动供应的能量，只需要通过合理的材料、设计、施工等技术手段就可以实现。

2. 被动式节能方式实现

在生态建筑中，要实现被动式节能，常用的技术手段有外围护结构、外遮阳、换气系统、气密性等。最常用的是在建筑外围增加维护结构，窗和幕墙是必不可少的，建材中的气凝胶玻璃能够达到高效保温的效果。传统的保温材料附着在建筑物外墙，保温效果不理想且不环保，而气凝胶玻璃不仅环保、密封性好、耐高温，而且方便施工。除此之外，在建筑物的外表面可以有绿植进行覆盖，屋顶可以采用架空的形式，同样使用植被覆盖。生态建筑可以合理地扩大朝南的窗户、缩小朝北的窗户，在冬季可以增加南面窗户的采暖，同时减少北面窗户的散热。

（三）被动式生态建筑蓄热节能方式

在生态建筑中，蓄热节能通常采用的是相变材料，这是一种可持续发展的新型建材。相变材料能够在相变的过程中将热量存贮在自身之中，也可以将热量输送给周围的环境，所以将这种材料合理的使用在建筑的维护结构之中，可以将室内温度始终保持舒适，减少外界温度变化所带来的影响。简单地来讲就是使用建筑外围结构来进行能量的存储，如果在夏季，夜晚建筑的楼板在通风的作用下降温，白天就使用降温的楼板来吸收室内的热量；如果在冬季，白天利用外围结构吸收太阳能等能量并储存，夜晚将能量释放到室内以减少温度的下降。

所谓“生态建筑”，其实就是将建筑看成一个生态系统，通过设计建筑空间中各种要素，使物质、能源在建筑生态系统内有秩序地循环转换，获取一种高效、低能、无费、无污、生态平衡的建筑环境。本节通过对生态建筑和生态建材的简单介绍，深入探讨了建材的节能方式，由此看出传统建筑中的资源浪费严重，对生态环境造成了极大的影响，不符合我国可持续发展的理念。

第五节　当代住宅建筑设计中生态建筑理论的运用

当代社会不断发展，生态建筑理念深入人心，随后在我国掀起了一股生态狂潮。在住宅建筑设计中，生态建筑理论正逐步发挥它的作用。当下出现的“节能建筑”“绿色建筑”等，都是应用了生态建筑理念。在生态建筑理念大力发展中，它已经对住宅建筑设计产生了极大的影响，并且改善了人类生活环境，人与自然能够和谐相处。本节浅谈了生态建筑理论的理念、作用和影响。

科学技术不断的创新，产业结构日益优化，近几年全球经济规模的扩大产生的副作用——高碳能源的大量使用使得大气中的二氧化碳含量不断增加，全球气候急剧变化也将影响人们的日常生活。我国建筑业是国民经济增长的主力军，其中年建筑量在世界上名列前茅，但是反观我国城市建筑发展现状，依然存在能耗高、利用率低等问题。因此发展与自然和谐相处的生态绿色建筑对我国居民住宅环境乃至国民经济提升都有着重要作用。

一、生态建筑理论的特点

生态建筑理论是当今全球最为先进的建筑学理论，它的优势在于能合理地使用自然资源，其原理就是在日常建筑过程中，对不可再生能源进行不造成生产消耗或者减少消耗的建筑方式。使用生态建筑理论建筑的建筑物采用了生物学与物理学相结合的原理，有利于改善住宅内部环境、增加空气流动量、增强保暖和采光能力，以此达到真正的生态建筑标准。

二、生态建筑理论在建筑设计中的应用

（一）风环境设计

如果住宅设计得不合理，那么会使得建筑物的局部小气候较差。而我们在进行建筑设计时，已经对风环境与再生风环境的问题进行改造。可现在的问题在于，建筑设计师在设计住宅时只会更多地把设计重点放在建筑平面的功能设计、对外观的设计及整体的空间设计上。对室外的风环境设计反而不够重视，或是只通过自己的以往经验对于高层与高密度住宅的气流流动情况进行分析，没有从建筑物本身所在区域的实际情况出发。对建筑所在区域进行全方位了解，才能为风环境进行更好的设计。

（二）“热岛”现象

热岛现象的出现与建筑的自身环境还有与其气流的流动是密不可分的，而且其与建筑周围的辐射系统也具有一定的联系。所以我们在进行住宅设计时对于其建筑的容积与密度，还有建筑过程中所使用的建筑材料，整个建筑所进行的内外布局，建筑物周围的绿化程度，还有水景设施等综合因素进行全面考虑。此外，在设计时必须使用合理高效的绿化方式，对整体的布局进行合理的设置，增加建筑区域内的水景设计，这样才能有效地减少其热岛现象的产生。建筑生态理论并不是单纯地指其建筑周围的绿化。而是将绿化与自然通风的相互利用，这样才能充分发挥其绿化在建筑物内外热环境方面的生态作用。

（三）日照、遮阳与采光

夏季对于建筑物也有较大的影响，其中阳光的直射还有热辐射，都对建筑物的居住环境产生热环境效应。我们所指的遮阳是对建筑物的外在围护结构进行改造，使其对室内所接受的阳光直射与其辐射量得到减少的过程。最简单的设计方式就是结合当地实际的情况，对日照的具体信息进行分析。通过与单体住宅的相对关系，应用生态理论的方法来设计。

三、建筑住宅设计中生态建筑理论运用情况

（1）国内对生态建筑理论还在进行系统深入地研究，与国外的生态建筑理论定义存在一定的差异和差距。但一切都是以建筑物周边的自然环境为设计依据，对建筑周围的综合性生态系统进行研究。把建筑与周边环境相结合，使之与周边的生态环境形成一体。以前，我国对于生态建筑理论的认识偏颇不到位，认为生态建筑理论即是建筑的绿化，或是觉得生态建筑理论就是建筑节能，但实际上这些认识都是有歧议的。

（2）目前只着重城市的生态建筑理论建设，并没有有效认识到我国农村的生态建筑理论建设的重要性。

（3）多年来，我国对于生态建筑理论的应用并不是只停留在文章的讨论上，而是在建筑物的设计与建设当中没有结合实际情况。目前，我国生态建筑理论研究已经略有成效。国内发表的关于生态建筑理论的论文对生态建筑的设计与建设都具有一定的借鉴意义。

四、针对假想绿色生态住宅区的应用假设

假设某工程属于新型绿色生态公寓项目，建筑面积约 20 万 m^2，依据绿色生态建设四级标准进行建设，多层次、全方面、建设更为舒适健康、环保清洁的生态居住空间。

（1）屋顶及外墙生态设计应用。计划采用的屋顶选用佛甲草整体绿化，这层绿化建设可以有效地在夏季炎热时为内屋降低 2 ～ 3℃，并采用 4.5 cm 欧文斯科灵外保温材料系统，可有效在冬季外界寒冷时为内屋保温。在房建四周墙面的设计过程中，注重绿色攀爬植物的种植，像常春藤、爬山虎之类的攀爬植物建立垂直绿化体系，从而起到生物降温的良好作用。在外墙也采用同屋顶一样的 4.5 cm 欧文斯科灵外保温材料系统，满足天津市相关建设标准要求。

（2）生态化外窗设计应用。公寓楼的设计整体采用氧化处理过的双层中空玻璃、铝合金材料，并采用 K 值约为 3.0 $W/m^2 \cdot K$ 的特质门窗，使其具有更强的抗风抗压、水密性、气密性。

（3）以《建筑采光设计标准》为依据，进行生态化采光与通风系统应用在公寓楼的设计规划，即便是在大寒日也能够使得连续满窗两小时日照，进而细化到书房、厨卫、卧室都满足采光的相关要求，设置外窗有利于采光的同时，也有利于通风。其中厨卫两处至少各设置一个通风窗口，甚至在整个住宅公寓中 90% 以上空间通自然风，并在合适的位置设置通风换气的空气质量检测装置，每隔一定时间对屋内整体环境进行检测。

（4）绿色建筑隔音系统设计应用。公寓楼整体的隔音系统的作用主要体现在隔音绿化林、隔音窗、隔音门、电梯隔音、设备减噪等方面，公寓外绿化带有顺序的密植乔灌木，吸纳减弱噪音；每层楼之间的楼板采用隔音性能优良的浮筑楼板，撞击声级可减低至达到国家住宅建设隔音标准一级。对于电梯设计要采用无机房通力电梯，并在公寓地下建设地

下车库，在空调内外机均配置有效的减震消声装置。使得公寓整体隔音系统达到更高的水平。

（5）水源利用以及节水设计应用。公寓水源利用设计均采用节水水龙头、节水型坐便器以及节水型淋浴喷嘴，总体节水量可达到近百分之五十。另外公寓整体热水供应源于太阳能的利用，集中储热，在设计上注意与环境相契合，另外补充电源加热的辅助，确保源源不断有热水。在公寓楼内建设雨水处理利用的设备，处理水量可达 15 m^3/h，通过收集净化生活废水，实现为周围环境应用提供灌溉、水景观设计补充水源等作用。

（6）公寓垃圾分类回收设计应用。在公寓内的设计均以环保节约型为标准，因此垃圾的分类回收是各系统运作较为重要的一环，要在公寓内外合理设置果皮纸屑箱，确保无明显外露垃圾，对于厨卫垃圾，应定时运送至可降解处理的有机垃圾处理处，从源头上减少垃圾不便性，从而进一步实现排水、通风处设置无多次污染化。除此之外，公寓绿色生态设计还有更为细致方面的应用，对于家居、植保、园艺等方面也多遵循相关规划标准进行，以确保建设优质的生态绿色住宅。

在我国国民经济大幅度提高的背景下，可持续发展建设深入人心。经过不断的探索与实践，充分利用资源技术，并初步成立了生态监管制度，其发展在全国都起到楷模作用，也进一步证实了可持续发展离不开生态绿色建筑细化到家庭住宅区，而我国家庭住宅的生态化也必将同步带动可持续发展的进程。

第六节　可持续性生态建筑设计方法在低层住宅结构中的应用

根据可持续生态建筑设计理念，从生态建筑设计影响因素、规划转型、文化理念、结构空间布局、预制式构建设计、环保节能材料选用等方面对国内外关于可持续性生态建筑在低层生态住宅结构中的应用展开研究，研究内容有助于开拓当前国内可持续生态建筑设计思路，对相关建筑建设结构具有一定借鉴意义。

我国虽地大物博，但人均资源占用量偏低，随着经济建设的飞速发展，资源与经济发展间的矛盾日益突出，国家推出了可持续性发展战略，节能、环保、改善生态环境、减少环境污染、延长建筑物寿命的生态建筑将在可持续发展战略中发挥重要作用。

节能建筑的设计和施工是重要和必不可少的部分，现代建筑师的一项重要任务是实现生态建筑的科学规划和设计，这涉及气候、经济、建筑和功能空间等因素。低层住宅建设通常考虑使用更高效、低成本的设计解决方案，以可持续性为作为设计理念；本节主要开展可持续性生态建筑设计方法在低层住宅结构中的应用研究，探究低层住宅结构中生态建筑设计的生态、科学和经济的设计方法。

一、可持续性生态建筑设计考虑因素

郊区低层住宅可持续性生态设计方法所考虑因素主要包括：①规划转型的方法。将住宅融入自然、社会和工业环境，逐步发展空间，达到最佳平衡封闭式、开放式和半开放式空间；②融入当地住宅设计的文化传统；③环保、节能的建筑材料的使用；④建筑设计的效率；⑤考虑在建筑物和结构运行期间使用替代能源，设计能量摄入和积聚系统。

二、规划转型的方法

“可持续建筑设计”方法的重要组成部分是计划转换的方法，该方法在以下技术的帮助下实施：

（一）住宅建筑的空间拓展技术

对于“成长中”的郊区房屋，建议采用以下建筑技术：①加热空间与不同“额外”规划元素的组合，这包括宽敞的波纹、画廊、玻璃阳台、棚屋或冬季花园以及逐渐垂直的建筑物延伸；二楼采用开放式露台的布置，如果有可用于楼梯安装的空间，则可以使用它们作为房间的隔热和翻新阁楼空间；②阁楼地板设计为地板，以防人员和家具的负荷增加，以及阁楼空间不含支柱、道具和其他桁架构件。在设计中经常使用悬臂来延伸空间，这可以根据业主的需求增加房屋的面积。在现代建筑实践中，低层住宅系统类似于“模块化”建筑设置，它允许开始规划和建造一个商场区域的房子，然后在不影响已经建成的房间的情况下扩建该建筑物，这种“不断成长建筑”的方法是基于建筑系统与他们可能的可选用的模块化结构相互组合，在各个发展阶段都能提供架构解决方案。

（二）实现房屋的封闭、开放和半开放空间的最佳平衡

一个低层住宅在其结构中具有封闭的空间，半开放的阳台、画廊、阳台和完全开放的露台，但没有檐篷或其他庇护所的门廊；而空间扩展到环境中的程度表征了房屋操作的一种或另一种模式，并且需要保护房屋内部空间免受室外太阳、风、冷、雪花圈和沙尘暴的有害影响。通常，在温带气候下，一年中可以使用半开放的可调节空间；在多云天气的情况下，建议使用窗台和“绿色房间”；在冬季，“绿色房间”不包括在房屋的整个空间内，或者可以通过可变形的设备将其隔离；在夏季，房屋旁边带有户外区域的开放“绿色房间”将构成一个单一的开放空间；在可变形的外围围栏的组合下，夏季场所往往可以被包括在集体区域的空间系统中。

三、使用环保的建筑材料及相关设计理念

环保的建筑材料和设计理念是可持续建筑设计的重要组成部分。建议使用天然材料，最好是那些在当地气候中广泛使用和传统的材料（砖、木材、天然石材、瓷砖、玻璃等）。建议在改造工程中使用可回收或再利用的材料，不建议在生产和操作过程中使用排放有害物质的合成材料；减少钢筋混凝土和钢筋的使用。

今天，当涉及更经济和大众低层的建设住房时，专家考虑到将建筑物在建造的预制件和结构与当地环保建筑材料相结合，包括用预制框架系统建造独立屋。例如在国外，新一代工业房屋建筑和建筑系统经常会考虑将弯曲的冷金属型材和木质结构的框架结构在工厂进行提前加工，再将预计构件和预制整体墙体结构与绝缘以及由发泡聚苯乙烯或空气陨石制成的模板结构进行相互组合建筑，通常在预制件中被使用到几种类型的建筑和结构系统包括：框架式，板框式和面板框架式。其中，建筑框架可以由固体（金属、木材、钢筋混凝土）结构和轻质（金属、木材）结构制成。而框架房屋的轻钢结构和木材结构更经济，其用于建造轻钢结构建筑物所花费的工期是混凝土结构建造同等建筑物的 1/3；在这种情况下，重量轻的木材结构是设计轻盈，低成本的基础。工业生产可以在制造高精度零件专家监督下进行，其在加热车间制造房屋——公差仅仅为 1 mm，往往只需 4 d 就可以从现场的预制单元完美组装房子，显示出明显的高效性、经济性和环保优势。

众所周知，加拿大建筑师阿维弗里德曼在上个十年中表达了他的观点，“未来数十年内，住宅建筑商的角色和功能将发生显著变化，房屋将以标准面板或模块化部件的组合构建形式进行大规模建造，这些部件将是借助计算机系统进行设计，类似于汽车装配线的技术；公司将主要在市场上销售“包装”，标准装置，在工厂按照客户批准的设计进行组装，所有组合建造前的具体任务都可以在厂房内完成。”而在国内，远大筑工的装配式技术早已在国内许多城市中运用，并取得了显著社会、经济和环保效益。

四、节能建筑设计

在国外一些受温带气候影响的国家，由于气候条件的特殊性，往往将消耗 1/3 的能源用于建筑物的能源供应方面，所以这些地区建造生态房屋的节能潜力巨大。可持续发展建筑设计方法和相关施工技术被重点用于该地区温带气候地区房屋建造过程中，并在后续运营期间有效减小了不可再生能源的消耗。典型的生态、节能建筑物类型包括：①“被动房屋 - 节能房屋”，由于采用最佳的空间规划的建筑和建设性的解决方案，使得热损失最小化；②“被动式太阳能房屋”，采用提高太阳能吸收率的节能房屋而不使用工程设备进行散热；③“能源活跃的太阳能房屋”，作为能源损失最小的建筑，它具有一个特殊的工程设备来吸收、分配和积聚热量。“被动”房屋的建筑和设计解决方案：①要求房屋在考虑景观的特点同时，要结合当地气候因素，使得建筑物免受到风的影响；②要减少建筑物外墙的周

长过度的空间不规则性布置，减小房间热量损失。同时，要考虑房屋冬季暖气的合理供应以及夏季隔热设施的设计（阳台、棚屋、附属建筑物等），同时，应重点考虑建筑物能源的合理分配；③要考虑建筑物外墙封闭材料的选用，由于建筑物几乎总是以热量的形式丧失能量，增强建筑物外壳的密封性，对于冬季严寒地区的供暖设施的高效利用非常重要。

本节结合国内外低层生态建筑的设计特点，主要探讨可持续性生态建筑设计方法在低层住宅结构中的应用研究，归纳主要结论如下：

（1）一些创新绝热材料和技术方法越来越多的应用到低层生态住宅建设中，通过这些材料和技术的巧妙结合，给予设计师更多空间来确保建筑物节能和环保的设计理念的展开。

（2）国外低层生态住宅从规划转型、地区文化理念、结构空间布局、预制式构建设计、环保节能材料选用、隔热方案设计等方面进行综合设计，强调建筑物与自然环境的协调，值得借鉴学习。

（3）可持续发展战略已列入我国今后核心发展战略之一，关系到我国经济的转型，科学合理的开展可持续生态建筑的设计和建造，有助于协调资源与经济发展间日益突出的矛盾，对改善生态环境、减少环境污染意义重大，为未来建筑指明方向。

第七节　建筑生态环境与节能效果综合评价

本节着重对我国生态环境的现状以及建筑行业的发展现状进行说明，提出我国建筑行业在节能设施建造上的环保理念及应用方法，针对我国未来的生态环境环保进行关于其发展策略的讨论，并对建筑的传统节能理念进行阐述。

我国建筑行业发展至今已带领我国社会经济走上了可持续发展的道路，但在经济飞速发展的同时，建筑行业带来的污染也同样关系着我国民众的身心健康，因此合理的对建筑行业施工工序进行制定是建筑行业未来发展的重要趋势。自步入新世纪以来，我国一直在关注建筑业建造的建筑物的节能效果，为合理节约我国的能源消耗，并且控制我们身边环境的迅速恶化。本节对这两个问题的关联性展开探讨，并分别对这两个问题之中存在的客观因素进行分析。

一、使用传统施工技术存在的不足之处

（一）传统施工技术施工时具有环境污染的特性

伴随着我国民众对生活舒适度的要求越来越高，我国建筑在能耗上也远远超过过往的

能耗标准。在我国南方地区因为和北方地区地域上的差异，南方地区居住的人们经常性使用空调等智能供暖设备并随之造成大量的电能量消耗，其对环境的影响可想而知。而在我国北方地区这种情况则要明显改善很多，北方的四季气候较为明显，并且冬季可依靠地热或暖气度过寒冬，在北方居住过的人们都了解北方人在冬天的取暖方式主要是利用燃烧燃料来取暖，而非南方地区的电力取暖。

因此，在建筑设计上北方的建筑明显要比南方某些地域的建筑在结构上要复杂很多，其中供暖设施就是最大的不同点。我国北方地区的建筑物一般要长于南方的建筑物，这其中的理由主要是北方的墙体在建造期间为了应对北方的气候加入了墙体的保护措施，该措施在保护墙体的同时，也起到了延长建筑物寿命的作用。因此南方的部分建筑设计师应从建筑的布局以及构造重新入手对建筑的节能设计，相信这个问题在我国建筑行业未来的不断发展下会有更好的改善。

（二）传统施工技术易现污染

针对建筑施工下环境的污染问题，这里着重说明在建筑物建设进程期间的污染状况。施工方应综合分析整体的施工工序，并针对工序问题进行汇总处理，其中比较明显的问题施工方要进行重点标注，而对于一些比较明显的问题施工方要立即采取措施给予解决。

一般这类问题的出现是由于施工技术以及施工方对建筑的能源处理不恰当所造成的，因此我们从客观来说应重点针对建筑的生态环境进行其评价系统的制定，并依据此系统对建筑的部分结构进行评定，其评价机制越是详细建筑的节能措施实施工作在之后越容易实现。此评价系统还被作为建筑生态环境的技术核心被应用于建筑工地中，其利用智能化的方式实现了绿色施工的可持续发展，并与创通施工技术形成了两种对立的体系。

（三）传统技术产生废气对环境造成的负面影响

在我国环境影响建筑风格这样的情况屡见不鲜，我国科研人员就建筑施工中出现的这一问题给予了高度关注，并且对建筑工地的节能建筑建造效果给予了与之对应的建造基准，我国今后的节能建筑的建造标准都是基于这一个标准。在这一有力标准机制的实施下，我国早年间建造的大部分建筑物都是不合格的，因此针对这些不合格建筑，我们可以对其进行后期的建筑补救，合理运用这项补救措施，可有效改变我国建筑行业的现状。

二、基于节能理念的建筑施工技术研究

（一）节能理念施工技术对施工现场的控制

节能理念施工技术的应用中所包含的评价策略主要分为两大类，对施工工序规划以及建筑用施工图纸的设计，将二者进行适当的结合并制定出建筑施工的审核机制。其审核机

制只要源于施工方被授予的能源节能效果，在这一机制中的系统具备了一定程度的一致性，其本身就如同生态环保原理一般。在机制的实施下施工方不仅更易归纳施工现场的评定系统，并与此同时提升了建筑物的节能效果。

（二）节能理念的施工技术对施工环节进行控制

在分析的基础上，得到居住小区内的噪声分布，可以看到，颜色愈深的建筑所处的声环境越差，在没有采取设防噪绿带等降噪措施的情况下，其临街一面的室外噪声级不能满足居住 Ix：室外白天低于 SSDB、夜晚低于 45 dB 的国家标准。为此，笔者对合理降噪提出了建筑群空气流动的分析标准，仍以前述居住小区为例，这种高层建筑、多层建筑混合存在的小区，其建筑群内部的空气流动情况对其微气候有着重要的影响，局部风速太大可能对人们的生活、行动造成不便，也有可能在某些地方形成旋涡和死角，不利于室内的自然通风。因此，业主提出在规划设计阶段预测居住小区内的空气流动状况，以对小区内微气候做出合理的评价。

三、节能理念是今后建筑生态环境的重点推广对象

（一）使用节能理念排除施工现场的非人为因素

施工现场中包含着一系列非人为因素，这些因素主要是由地理环境的气候所造成的，通常我们会针对空气流速的分布图对天气进行判断，其中冷色就代表着气温即将下降，这时的户外天气通常表现在无风且天空万里无云。我们都知道气流对风速的影响非常大，气流的流通速度加快代表着风速和风力也随之加强。

据我国相关科研人员的研究表明，建筑施工现场的气流将会对施工现场的建造产生一定程度的影响，因此在南方的春季和北方的冬季建筑施工工作者都会停下手里的工作，这个举动的主要原理就在于在这样的气候下进行施工建造会严重影响工程的建造质量。

（二）使用节能理念的施工技术防止施工现场

结合建筑群空气流动分析，在相关研究的基础上，笔者预测居住小区不同位置小范围内的逐时气温，同时进行比较并给出评价。所得结果既可供居民选择适合个人习惯的工作生活环境提出参考意见，同时也能为改善居住小区热环境指明方向。某居住小区中不同位置的热岛强度变化情况，其中的原因在于居住小区建筑布局合理，建筑间距选择合适（天空视角系数较高而利于长波辐射冷却天且集中绿地多，绿化好，并或多或少地采用了人工水景布置准得其与空气的热湿交换加强，有效地降低了空气的温度）。值得一提的是，环境最好的区域均为小区居民日常生活、起居、休憩、娱乐等活动的主要场所，该区域内的健康适宜的温度环境将极大的利于居民的室内外的生活质量的提高。

我国为加强建筑行业的建设工作，在政府的不断鼓励下综合相应的评价机制系统，对我国还处于建设当中的工程项目进行与之相应的评价系统的制定，并根据其具体情况逐渐进行完善。在建筑环境和节能效果综合评价理念的应用过程中，我国目前已经彻底明晰了建筑生态环境中所包含的真正内涵，并及时进行了建筑节能概念的推广工作，为我国未来的可持续发展做出了一定程度上的探索。

第七章　生态建筑仿生设计

第一节　生态建筑仿生设计的产生与分类

一、建筑仿生设计的产生

建筑仿生是建筑学与仿生学的交叉学科。为了适应生产的需要和科学技术的发展，20世纪50、60年代，生物学被引入各行各业的技术革新，而且率先在自动控制、航空、航海等领域取得了成功，生物学和工程技术学科结合渗透从而孕育出一门新生的学科——仿生学。1960年9月美国空军航空局在俄亥俄州的戴通召开的第一次仿生学会议标志着仿生学作为一门独立学科的诞生。在建筑领域里，建筑师和规划师们也开始以仿生学理论为指导，系统地探索生物体的功能、结构和形象，使之在建筑方面得以更好地利用，由此产生了建筑仿生学。这门学科包含了众多子学科，如材料仿生学、仿生技术学、都市仿生学、建筑仿生细胞学和建筑仿生生态学等。建筑仿生学将建筑与人看成统一的生物体系——建筑生态系统。在此体系中，生物和非生物的因素相互作用，并以共同功能为目的而达到统一。它以生物界某些生物体功能组织和形象构成规律为研究对象，探寻自然界中科学合理的建造规律，并通过这些研究成果的运用来丰富和完善建筑的处理手法，促进建筑形体结构以及建筑功能布局等的高效设计和合理形成。

建筑仿生设计是建筑仿生学的重要内容，是指模仿自然界中生物的形状、颜色、结构、功能、材料以及对自然资源的利用等而进行的建筑设计。它以建筑仿生学理论为指导，目的在于提高建筑的环境亲和性、适应性、对资源的有效利用性，从而促进人类和其生存环境间的和谐。在建筑仿生设计中，结合生物形态的设计思想来源深远，与建筑史有着紧密的联系，它为建筑师提供了一种形式语言，使建筑能与大众沟通良好，更易于接受，满足人们追求文化丰富性的需求。建筑仿生设计还暗示建筑对自然环境应尽的义务和责任，一栋造型像自然界生物或是外观经过柔和处理的建筑，要比普通的高楼大厦或是方盒子建筑更能体现对环境的亲和，提醒人们对自然的关心和爱护。

二、建筑仿生设计的分类

建筑仿生设计一般可分为造型仿生设计、功能仿生设计、结构仿生设计、能源利用和材料仿生设计等四种类型。造型仿生设计主要是模拟生物体的形状颜色等，是属于比较初级和感性的仿生设计。功能仿生设计要求将建筑的各种功能及功能的各个层面进行有机协调与组合，是较高级的仿生设计。这种设计要求我们在有限的空间内高效低耗地组织好各部分的关系以适应复合功能的需求，就像生物体无论其个体大小或进化等级高低，都有一套内在复杂机制维持其生命活动过程一样。建筑功能仿生设计又可分为平面及空间功能静态仿生设计、构造及结构功能动态仿生设计、簇群城市及新陈代谢仿生设计等。结构仿生设计是模拟自然界中固有的形态结构，例如生物体内部或局部的结构关系。结构仿生设计是发展得最为成熟且广泛运用的建筑仿生分支学科。目前已经利用现代技术创造了一系列崭新的仿生结构体系。例如，受柱子和苇草的中空圆筒形断面启发，引入了筒状壳体的运用；蜘蛛网的结构体系也被运用到索网结构中。结构仿生可分为纤维结构仿生、壳体结构仿生、空间骨架仿生和模仿织物干茎的高层建筑结构仿生四种。能源利用和材料仿生是建筑仿生设计的新方向，由于生态建筑特别强调能源的有效利用和材料的可循环再生利用，因此它是建筑仿生设计未来的方向。

第二节　生态建筑仿生设计的原则和方法

一、建筑仿生设计的原则

（一）整体优化原则

许多在仿生建筑设计上取得卓越成就的建筑师在设计中非常强调整体性和内部的优化配置。巴克敏斯特·富勒集科学家、建筑师于一身，很早就提出：“世界上存在能以最小结构提供最大强度的系统，整体表现大于部分之和。”他执着于少费多用的理念创造了许多高效经济的轻型结构。在他思想指引下的福斯特和格雷姆肖通过优化资源配置成就了许多高科技建筑名作。

（二）适应性原则

适应性是生物与自然环境的积极共生策略，良好的适应性保证了生物在恶劣环境下的生存能力。北极熊为适应天寒地冻的极地气候，毛发浓密且中空，高效吸收有限的太阳辐射，并通过皮毛的空气间层有效阻隔了体表的热散失。仿造北极熊皮毛研制的“特隆布墙”被广泛地运用于寒冷地区的向阳房间，对提升室内温度取得了良好的效果。

（三）多功能原则

建筑被称为人的第三层皮肤，因此它的功能应当是多样的，除了被动保温，还要主动利用太阳能，冬季防寒保温，夏季则争取通风散热。生物气候缓冲层就是一项典型的多功能策略，指的是通过建筑群体之间的组合、建筑实体的组织和建筑内部各功能空间的分布，在建筑与周围生态环境间建立一个缓冲区域，在一定程度上缓冲极端气候条件变化对室内的影响，起到微气候调节作用。

二、建筑仿生设计的方法

（一）系统分析

在进行仿生构思时，首先要考虑自然环境和建筑环境之间的差别。自然界的生物体虽是启发建筑灵感的来源，却不能简单地照搬照抄，应当采用系统分析的方法来指导对灵感的进一步研究和落实。系统分析的方法来源于现代科学三大论之一——系统论。系统论有三个观点：①系统观点，就是有机整体性原则；②动态观点，认为生命是自组织开放系统；③组织等级观点，认为事物间存在着不同的等级和层次，各自的组织能力不同。元素、结构和层次是系统论的三要素。采用系统分析的方法不仅有助于我们对生物体本身特性的认识与把握，同时使我们从建筑和生物纷繁多变的形态下抓住其共同的本质特征，以及结构的、功能的、造型的共通之处。

（二）类比类推

类比方法是基于形式、力学和功能相似基础上的一种认识方法，利用类比不仅可在有联系的同族有机体中得出它们的相似处，也可从完全不同的系统中发现它们具有形式构成的相似之处。一栋普通的建筑可以看成生命体，有着内在的循环系统和神经系统。运用类比方法可得出人类建造活动与生物有机体间的相似性原理。

（三）模型试验

模型试验是在对仿生设计有一定定性了解的基础上，通过定量的实验手段将理论与实践相结合的方式，建立行之有效的仿生模型，可以帮助我们进一步了解生物的结构，并且在综合建筑与生物界某些共通规律的基础上，开发一种新的创作思维模式。

第三节 生态造型仿生设计

在大自然当中有许多美的形态，例如色彩、肌理、结构、形状、系统，不仅给我们视觉上的享受，还有来自大自然的形态效仿给予我们的启发。建筑师们对自然景观形态的认识，不断地丰富建筑的艺术造型，因为住房环境需求在不断地提升和变化，建筑造型的要求也在不断地增加，对自然界的美丽形态进行观察和利用，大自然拥有建筑造型取之不竭的资源，进而我们的生活和大自然之间的联系就更加的紧密。

一、仿生建筑的艺术造型原理

有一些鸟使用草和土来建造鸟巢的方式和很多民族建筑的风格相似。建筑学家盖西以为造型形态体现的方式就是：聚合、连接、流动性、对称、透明、凹陷、中心性、重复、覆盖、辐射、复加、分开和曲线等。

（一）流动性

这是动感的曲线与自然界之间的密切联系。例如：在动物进行筑巢的时候，更加倾向于曲线的外形。这就体现出动物出于本能的将其内部的空间和其活动与生活习性之间的结合。这样运动和空间之间的联系，就注定了不同物种在构建隐身的地方有丰富的曲线，就像日本的京都音乐厅，由曲线来制作玻璃幕墙，可以说是曲线建筑的代表之作。

（二）放射性

这就和辐射感相类似，由中心圆辐射不完整的线条。例如：叶脉和植物中花片的线条，鸟类的尾部和双翼、孔雀开展的屏，在很大程度上都对建筑组合和建筑装饰造成了影响。美国的克莱斯勒大厦屋顶的装饰，就是运用了辐射建筑的装饰方式，美的广泛性原则，就是能够体现出建筑形态和自然形态的相似性，能够对建筑物模仿生物艺术造型的必要性进行了充分的体现。

（三）循环普通的规律和原理

例如：贝壳的外形，经过研究我们可以知道，导致美学遐想主要是由于贝壳美丽的外形。一个建筑物的设计，不管是其形式美，还是功能建筑和与自然界许多生物相似。在自然界当中很多物种为了能够生存下去就需要对自身的美进行展示，展示无其形态和绚丽色彩。因此，能够辩证的认为“真”和“美”的关系就是“功能和形态”的关系。在建筑进行仿生设计的时候，功能和形态结构也有着相类似的关联，生物体当中的支撑结构功能和建筑物当中的支撑部分功能是一致的。一般的支撑结构需要符合美学功能相同的需求，只有使用的合理，拥有正常的生态功能，仿生建筑结构的美感才可以得到真正地体现，实现“真”和“美”的和谐。

如今的社会发展迅速，越来越多的人整天游走于繁忙的工作中，人们面临巨大的生活与工作压力，人们渴望山川，渴望河流，渴望与大自然的密切接触，所以仿生建筑应运而生，并迅速地获得了人们的欢迎。仿生建筑的造型设计来源于自然与生活，通过对自然界中各种生物的形态特性等进行研究，在考虑相应自然规律的基础上进行设计创新，进而使得整个仿生建筑与周围环境能够实现很好的融合，也能保证仿生建筑的相应性能，还能满足人们对于自然地追求与向往。

二、仿生建筑造型设计的类型

（一）形态仿生的建筑造型设计

所谓形态仿生指的是从各种生物的形态方面，大到生物的整体，小至生物的一个器官、细胞乃至基因来进行生物的形态模拟。这种形态仿生的建筑造型设计是最基本的仿生建筑造型设计方法，也是最常见最简便的仿生建筑造型设计方法。这种形态仿生的造型设计有很多的优点，一方面由于设计外形取材于生物，所以能够很好地与周围的环境融为一体，成为周围环境的一种点缀，弥补了水泥建筑的不足，而且某些形态设计能很好地反映出建筑的功能，给人一种舒适感；另一方面，建筑设计仿照当地特有的植物或者动物形态，对当地的环境人文特色等有很好的宣传作用，能够让人从建筑就感受到这个地方的自然之美与神秘，继而带动当地旅游等产业的发展。

（二）结构仿生的建筑造型设计

所谓的结构仿生既包括通常所提到的力学结构，还包括通过观察生物体整体或者部分结构组织方式，找到与建筑构造相似的地方，进而在建筑设计中借鉴使用。生物体的构造是大自然的奇迹，其中蕴含着许多人类想象不到的完美设计，通过借鉴生物体自身组织构造的一些特点，可以解决我们在建筑造型设计中无法克服的难题，实现更好的设计效果，更好地保障建筑的性能。

（三）概念仿生的建筑造型设计

概念仿生的建筑造型设计就是一种抽象化仿生造型设计，这种设计方法主要是通过研究生物的某些特性来获得内在的深层次的原因，然后对这些原因进行归纳总结上升为抽象的理论，然后将这个理论与建筑设计相结合，成为建筑造型设计的指导理论。

三、仿生建筑造型设计的原则

（一）整体优化原则

仿生建筑的造型设计相对于传统的建筑造型而言，具有新颖、独特、创新等特点。这也是仿生建筑造型设计的那些建筑家们所追求的结果，他们旨在创造一种全新的建筑造型设计，突破以往传统建筑的造型设计，改变传统建筑造型的不足，给人一种耳目一新的感觉。这种追求无可厚非，但是设计不只是追求创新就可以的，要以建筑的整体优化为根本，如果建筑的造型过于突兀，与整个建筑显得格格不入，那这个建筑的造型设计就是失败的，因此仿生建筑造型设计在追求创新的同时，一定要保证建筑的整体得到优化。

（二）融合性原则

所谓的融合性原则指的是建筑的造型设计要与周围的环境相互融合，不能使整个建筑与周围的环境相差太大，格格不入。就像生物也要与环境相融合一样，借鉴生物外形、特性等设计的建筑造型，也一定要与周边的环境相互融合，相互映衬，才能保证建筑存在的自然性，就像建筑本就是环境中自然存在的一般，给人一种和谐统一的感觉，而不是像在原始森林见到高楼大厦的那种惊恐感。有很多的建筑都很好地体现了这种融合性的原则，使得建筑的存在浑然天成。

（三）自然美观原则

仿生建筑的造型设计无论如何追求创新，最终的目的都是设计出自然的、美观的、给人带来舒适感的建筑。仿生建筑的造型设计取材于大自然的各种生物形态等，具备自然的特性是必需的；其次，美观也是建筑造型设计所必须具备的，谁也不喜欢丑陋的建筑造型，美观的建筑造型设计可以给人一种心灵上的愉悦感，使人心情舒畅。

四、仿生建筑的艺术造型方式

对仿生两字进行字面上的分析就是对生物界规律进行模仿，所以仿生建筑艺术造型的方式应该来源于形态缤纷的大自然。我们经过对奇妙的自然认识以后，通过总结和归纳，把经验使用在建筑的设计上，仿生建筑艺术的造型方式能够定义成形象的再现（具象的仿生）以及形态重新地创新（抽象的转变）两种形态。

（一）形象的再现

具象的模仿属于是形象的再现，这其实就是对自然界一种简单地抄袭，我们对自然形态进行简单的加工和设计以后在使用建筑的造型上，就会有一种很亲切的形象感觉，这是由于形态很自然。能够将仿生建筑的具象模仿由两个角度来进行定义，分成建筑装饰模仿以及建筑整体造型的模仿。

早在希腊、古埃及与罗马的柱式当中，特别是在柱头上面，发现运用仿生装饰造型，例如：草业和涡圈。建筑装饰的仿生在很久以前还有避祸、祈福以及驱鬼的含义。目前的建筑设计当中，使用仿生艺术装饰的办法有许多。例如：汉斯·霍莱茵对维也纳奥地利旅行社进行的设计，在下层大厅当中，运用零星的点缀对金属形成的梧桐树进行了装饰，金色的树叶和树干使我们能够想起热带风情当中灼热的太阳，灯光在金属树木和金色的树干之间相互的折射，使得我们仿佛置身在南方的热带风情园当中。迪士尼世界当中的海豚旅馆以及天鹅旅馆许多的贝壳与天鹅造型都被雕塑使用在建筑的外立面上面。

（二）对形态进行重新地创新

对形态进行重新地创新，就是抽象的变化，这也是经过自然界的形态加工形成的，但是这只不过是通过艺术抽象的转变，并且将其使用在建筑造型的设计当中，和具象模仿的方式进行比较，经过抽象的变换，得到的建筑造型特色以及韵味就会更强，这也是常见的使用仿生方式的一种。与此同时，应该要求建筑设计者审美、创新和综合能力具有一个比较高的水平，能够对自然形态合理地进行艺术抽象处理，并且成为独具特色的有机建筑造型。对自然和建筑的和谐进行追求，自然形态和建筑艺术造型相融合。建筑大师高迪是一位抽象表现主义的杰出代表，在其对代表作巴塞罗那神圣家族的教堂创作当中，高迪使用自己独特的设计语言，对哥特式传统符号的形象进行了诠释。

仿生形态具有非常丰富的语言，在自然界当中有着很多形态结构导致仿生设计拥有独特性，这种独特性对设计的形式语言进行了丰富、无形、有形的规律使得建筑的设计语言更加独特和丰富。经过上面的论述，我们能够知道仿生设计在景观的设计当中运用的前景是非常的关键，仿生设计元素在景观设计当中广泛的运用是使得景观艺术能够更加丰富，对景观设计的可持续发展进行促进。大自然是我们人类最好的导师，在景观的设计当中应该对生态的原则进行尊重、对生命的规律进行遵循，把科学自然合理的，最经济的效果使用在景观的设计当中，这是对人类艺术和技术不断的融合和创造，这是我们对城市、自然以及和谐共处美好的向往。

五、仿生建筑造型设计的发展方向

（一）符合自然规律

仿生建筑的造型设计是从自然界的生物中获得灵感，来进行造型创新，但在对仿生建筑进行造型设计时，并不是随心所欲的，一定要符合相应的自然规律。很多仿生建筑的造型设计新颖美观，但却违背了自然规律，使得相应的建筑在安全等性能上存在重大的问题，严重影响了建筑的整体。现在的仿生建筑的造型设计还大多停留在图纸上，投入实践的还为数不多，经验积累也不够。因此未来的仿生建筑的造型设计一定要积极地观察相应的自然规律，然后进行图纸设计，设计施工，使得建成的仿生建筑在符合自然规律的前提下实现创新。

（二）符合地域特征

建筑是固定存在于某个地方的，是不能随便移动的。各地的自然地理、文化、经济等条件等都各不相同，各有自己的特征，因此在仿生建筑的造型设计上自然也要有所区别，使得仿生建筑的造型设计可以体现出当地的各种特征来，才能与当地的环境更好地相互融合。就像传统的建筑造型设计一样，老北京的四合院、陕西的窑洞等，不断兴起的仿生建筑也要有自己独特的符合地域特征的造型设计，使得整个设计在满足当地地理人文的同时，又可以对当地有很好的宣传作用，成为各个区域的象征。

（三）要与环境相和谐

建筑设计讲究“天人合一”，仿生建筑也不例外。在进行仿生建筑的造型设计时一定要观察考虑周边的环境特征，使得整个造型设计与周边的环境能够实现很好的统一，这也是仿生建筑造型设计融合性原则的要求。要想使得整个建筑不突兀，就必须重视建筑周边的自然环境，更何况是仿生建筑。仿生建筑要想更好地发展，就必然使其造型设计朝着与环境相和谐统一的方向不断地发展创新。

仿生建筑是未来建筑行业重点发展的方向，我们在经济发展的同时，越来越关注自然与环境的发展。因此积极地做好仿生建筑造型设计的发展创新十分的重要，在仿生建筑的造型设计上坚持整体优化、相互融合、自然美观等原则，从观察大自然的过程中不断完成仿生建筑造型设计的形态仿生、结构仿生、概念仿生，使得仿生建筑的造型设计取材于自然，又与自然很好地融合在一起，实现仿生建筑基本性能的同时，又使其与自然环境实现和谐统一。

第四节　基于仿生建筑中的互承结构形式

一、仿生建筑学

仿生学形成于 21 世纪 60 年代，是一门交叉学科。其中包含了生命科学与机械、材料和信息工程等。仿生学随着科技与时代的发展不断深化并且有着明显的跨学科特征。自然界的生物形态万千，它们有着不同的体态特征和独特的存在方式。通过认清客观生物自身形体特点探寻空间结构形式和构造之间的关系从而能更好地融入自然、顺应自然并与自然生态环境相协调，保持生态的平衡发展。所以从另外一个角度来说，仿生学的建筑也等同于绿色建筑。仿生学的重点在于仿生原型的相似以及仿生整体的综合性。

建筑仿生是科研界一直提及的老课题，互承结构也可作为仿生建筑结构却是近现代时期的一个新的视角。人类社会从蒙昧时代进入文明时代就是在模仿自然和适应自然界规律的基础上不断发展起来的。各个学科不断碰撞交融产生新的交叉学科，建筑亦是如此。

从古至今，人们的居住环境从洞穴到各类建筑无一不留下了模仿自然的痕迹。但是，随着工业化的高速发展，非线性的建筑形式越来越受青睐，这就意味着仿生建筑必须要有新的突破才能更好地适应日益变化的建筑大环境。

二、互承结构

互承结构是古老而又新颖的存在。古老是因为虽然没有对于互承结构详细的资料分析，但还是有学者探究到早在 1255 年 ~ 1250 年间，就发现了维拉尔·德·奥内库尔（Villard de Honnecourt）手稿中设计过一种平面互承结构。文艺复兴时期中也发现了出自文学巨匠之手的多重互承结构手稿。甚至有人提出其应用最早可以追溯到新石器时代，爱斯基摩人与印第安人居所所使用的帐篷结构。在国内，更有学者研究称《清明上河图》中的“虹桥”就是中国古代最早出现的互承式结构。知名的桥梁专家唐寰澄对虹桥的力学特性及设计构造进行深入研究，也证实早期主要分布在我国浙闽山区的虹桥就是一种互承结构。新颖是因为互承结构的应用虽然由来已久，但是却不曾被连续的规模的发展。它的复杂结构特性及不够了解的神秘性还是被外界认为是种新颖的结构形式。20 世纪 80 年代，格兰汉姆·布朗（Graham Brown）正式提出了互承结构（reciprocal frame structure）的术语。他把互承结构定义为可以用作屋顶的风车形结构形式，其构件串联成一个封闭的循环阵列从而组成能够覆盖一片圆形区域的形式。

随着研究人员不断对互承结构的探索与完善，互承结构按照自身的空间形式可分为一维、二维和三维。一维互承结构就是类似于“虹桥”的结构形式，即基本单元的一维延伸；二维互承结构是将基本单元扩展到二维曲面形成一片能够覆盖二维的自承重的结构；三维互承结构则是指能够在一个三维空间内支撑起一个以互承结构为主体的空间区域。

设计实践并没有想象中顺利，因为学术的研究和重视并没有将“互承式结构”落于实处。资料的匮乏让研究几次陷入停滞的状态。以互承结构而存在的建筑形式在我国更是罕见。“互承式结构”在建筑和设计领域上不可替代的意义，并没有帮助它发挥出真正的功效。

或许在一开始“互承式结构”陈旧的理念并没有一定的吸引力，有太多的原因让它不能展示其真正耀眼的一面。现如今它已经被初步挖掘，大量关于互承结构的小模型和中小规模的设计成品出现在各个高校的美术馆展馆。原本一个个平平无奇的插件，在不断排列重组有序的变换中展现了互承结构机械又富含韵律的美。在工业不断推进以代替人工的时代，这种单一有序的构件制作也会越来越方便，人工成本也会随之大大削减。今后的节能建设和成本建设必定成为建筑界的主流，“互承式结构”有它成为结构主流之一的理由。

但是，“互承式结构”也存在着它必须面对的缺陷和不足。单个构件制作虽然方便，其用量却大，插接件的距离决定该建筑物整体的形式。所以在每个插件互相受力的运算上需要极大的时间，而且不容差错。这也是现在中小型规模的成品和小件会有很多，大型建造很少的主要原因之一。单个构件的形式及材质是极其重要的。

三、仿生建筑与互承结构的交汇融合

生物的骨骼亦可以当作“互承式结构”，同时又符合仿生建筑的类别。与其说仿生建筑与互承结构交汇融合，不如说互承结构就应当归属于仿生建筑的类别之中。互承结构是由一个单一的插件组合生成，其原理就是自然界中动物骨骼简化重组而达到自然支撑、自成体系的结果。不管对单个支撑件的研究还是最后整个结构的形态都符合仿生建筑学的分类，因此想要做好互承结构的研究就需从仿生建筑学里去追溯其本源。在前期搜集资料的过程中研究归纳了很多知名建筑设计师具有代表性的仿生建筑作品。例如：德国以蝴蝶为原型的不莱梅高层公寓；卡拉特拉瓦于 1992 年 ~ 1995 年设计的位于西班牙的特内利非展览厅，就是对鸟的模仿；北京的鸟巢体育馆，印度的莲花寺，芝加哥的螺旋塔等这些全是由对自然界的仿生灵感而诞生的建筑。

四、互承结构在实际生活中的应用

互承结构单一的构件组成及其有韵律的形态展现多用于公共艺术中的大型搭建类构筑物设计。通过外部形态的形式与内部结构或者内部空间结构结合，表现出设计师希望观众们探索发现其中的内涵关系。而一个完整的构筑物设计其中包含该艺术作品所在的场地与实现搭建的材料，艺术家所想表达的情感及受众的直接感受与体验。

构筑物设计最首要的任务是让观众接触构筑物、融入构筑物环境。观众的介入和参与与搭建构筑物不可分割。通过场地的布置，通畅的动线，可以让观众自发的参与其中，自由方便的进出和通行，或者在空间有一定容量的情况下展开适当的活动。这就与互承结构达到了一种契合。

艺术分类之间是无边界的，很多设计分类都是交汇融合的。文章主要是通过对仿生学的概念研究，仿生学对建筑形态影响的环境下探索互承结构的空间表达。通过参数化的方式把仿生学与二维互承结合形成不再是单一单元件构件而成的空间构造方式，而是更复杂和多元的形式展现。不足之处就是对于材质方面的探索略显单薄，什么样的材质才最适用于互承结构的实现，希望后期可以在建筑形态更加丰富的基础上适用于更多变的材质，达到对互承结构更深层次的研究。

第五节　生态结构仿生设计

如今，社会在蓬勃发展，人们早已不再满足于吃饱穿暖的阶段，对物质和审美的需求日渐高涨，建筑的意义不再只是单纯的遮风挡雨，同时还得兼具美观与实用价值。因此，结构仿生在大跨度建筑设计中的重要性不言而喻。本节首先从结构仿生和大跨度建筑设计两方面入手，通过查阅整理，对结构仿生的概念、结构仿生的发展和结构仿生的科学基础理论进行系统的研究，总结出结构仿生的方法和应用特征。然后概括大跨度建筑的结构设计特点，结合相应的案例进行分析，最后得出结论，并就这一结论对结构仿生在大跨度建组设计中的应用提出改进意见。

一、结构仿生

（一）结构仿生的概念

了解结构仿生的概念，首先要先了解仿生学的概念。仿生学一词是由美国斯蒂尔根据拉丁文“bios（生命方式的意思）”和字尾“nlc（‘具有……的性质’的意思）”构成的。斯蒂尔在 1960 年提出仿生学概念，到 1961 年才开始得以使用。他指出“某些生物具有的功能迄今比任何人工制造的机械都优越得多，仿生学就是要在工程上实现并有效地应用生物功能的一门学科”。结构仿生（Bionic Structure）是通过研究生物肌体的构造，建造类似生物体或其中一部分的机械装置，通过结构相似实现功能相近。结构仿生中分为，蜂巢结构、肌理结构、减粘降阻结构和骨架结构四种结构类型。

而本节研究的结构仿生建筑则是以生物界某些生物体功能组织和形象构成规律为蓝本，寻找自然界中存在许久的、科学合理的建筑模式，并将这些研究结果运用到人类社会中，确保在建筑体态结构以及建筑功能布局合理的基础上，又能做到美观实用。

（二）结构仿生的发展

仿生学的提出虽然不算早，但是它的发展大概可以追溯到人类文明早期，早在公元 8000 多年前，就有了仿生的出现。人类文明的形成过程有许多对仿生学的应用，例如，在石器时代就有用大型动物的骨头作为支架，动物的皮毛做外围避寒而用的简易屋棚。这就是最早以动物本身为仿生对象的结构仿生。只是那时候的仿生只是简单停留在非常原始的阶段，由于生存环境的恶劣，人类只能模仿周围的动物或者从自然界已有的事物中获取技巧，以此保证基本的生存。因此，从古代起，人们已经在不知不觉中学习了仿生学，并加以利用。

随着现代科学技术的不断进步，仿生学的概念也被不断完善和改进，逐步形成系统的仿生学体系。实质上看，仿生学的产生是人类主动学习意识下的产物。它给人类带来了创新的理念与学以致用的方法。使人类以不同的视角看世界，发现未曾未发现的事物，实现科学技术的原始创新，这是其他科学不具备的先天优势。

从古至今，人类一直在探索自然中的奥秘，自然界是人类各种技术思想、工程原理及重大发明的源泉，为人类的进步提供灵感和依据。20 世纪 60 年代，仿生学应运而生，仿生学一直是人类研究的热门，仿生方法也一直为各个行业，各个领域所应用。在仿生学的影响下，各类仿生建筑层出不穷。本节在研究仿生建筑外观、结构、性能的基础上对仿生方法进行了归纳；分析了建筑结构设计领域，仿生方法的应用现状；对大数据时代仿生建筑的发展做了展望。

1960 年，美国的 J.E.Steel 提出“仿生学”的概念，自此之后人类自觉的生物界作为各种技术思想、设计原理、发明创造的源泉。至今仿生学已经有了长足进步，生物功能不断地与尖端技术融合，应用于各个领域，仿生方法在建筑结构设计中的应用颇为广泛。

二、建筑结构设计中仿生方法应用现状

（一）建筑外观仿生

建筑外观形态仿生历史悠久、原理简单。公元前 250 年的埃及卡夫拉金字塔旁的狮身人面雕像可谓外观仿生的雏形。随着社会生产力的进步，外观仿生在建筑设计中应用越来越多。17 世纪 80 年代，在哥本哈根，“我们的救世主”教堂尖顶的外形模仿了螺旋状的贝壳；1967 年，英国圣公会国际学生俱乐部的螺旋形附楼采用的楼梯，恰似 DNA 分子的螺旋状结构。而今，外观仿生方法在世界各地的建筑中均有应用，国家体育场“鸟巢”是从表达体育场的本原状态出发，通过分析和提炼，采用外观仿生方法得到的艺术性结果。它之所以得名“鸟巢”是因为它的外观模仿了鸟类的巢穴，鸟类的巢一般都是用干草、干树枝等搭建而成，取材于自然，不经加工，干草、树枝的尺寸大小各异、参差不齐，而“鸟巢”正是采用的异型钢结构，其中各个杆件的外形尺寸均不相同，当然这也给设计和施工带来了许多困难，制造和施工工艺要求极高，但不可否认的是“鸟巢”不仅为奥运会开闭幕式、田径比赛等提供了场地，后奥运时代也成为北京体育娱乐活动的大型专业场所。

外观仿生是设计师通过对自然的观察，在模拟自然外部形态的基础上进行建筑创作。外观仿生方法主要得益于自然的美学形态，自然界的美我们只领略了一部分，在不久的将来，将会有更多模拟自然外形的优秀建筑落成。

（二）建筑材料仿生

所谓建筑材料仿生，是人类受生物启发，在研究生物特性的基础上开发出适应需求的

建材，早在北宋年间，我国第一座跨海大桥—泉州洛阳桥（万安桥）建造时，工匠们在桥下养殖牡蛎，巧用"蛎房"联结桥墩和桥基中的条石，这在世界桥梁史中是首例，也是建筑材料仿生的先驱。在当代建筑材料研发中，许多灵感都源自生物界。蜜蜂建造的蜂巢，属于薄壁轻质结构，强度较高，这正是建筑材料研发希望达到的效果，蜂窝板就是在研究蜂巢特点的基础上出现的。蜂窝板为正六边形，是一种耗材少而组织结构稳定的板材，由此衍生出的石材蜂窝板，将蜂窝结构和石材配合使用，达到传统石材板同等强度只需耗用一半的石材原料。受蜂巢启发，还研制出了加气混凝土、泡沫混凝土、微孔砖、微孔空心砖等新型建材，这些材料不仅质轻，还具有隔音、保温、抗渗、环保等诸多优点。材料仿生除了使建筑材料具备更强的基础功能外，还能够实现或部分实现动物的功能，例如骨的自我修复功能，骨折后骨折端血肿逐渐演进成纤维组织，使骨折端初步连接形成骨痂，最终完成骨折处自我修复。人们从骨的自我修复功能中得到启示，现已经研究出混凝土裂缝修复技术。还有学者提出了智能混凝土的概念，所谓智能混凝土是在混凝土原有组分基础上复合智能型组分，使混凝土成为具有自感知和记忆、自适应、自修复特性的多功能材料。

（三）建筑结构仿生

建筑结构仿生，是在研究生物体结构构造的基础上，优化建筑物的力学性能和结构体系。建筑的结构仿生可以追溯到公元前 8000 年前的旧石器时代，那时人们已经在居住地使用动物皮毛和骨头作为结构，乌克兰用猛犸骨建造了无盖的棚屋。而今，结构仿生建筑已经遍布世界各地，1851 年英国世博会展览馆"水晶宫"的设计理念即源自南美洲亚马孙河流域生长的王莲，王莲叶子背面粗细不同的叶脉相交足以支撑直径达 2 米的叶片。"水晶宫"以钢铁模拟叶脉作为整个结构的骨架支撑玻璃屋顶和玻璃幕墙，轻质且雄伟。相比水晶宫，薄壳结构的设计灵感则是源自日常能见到的鸡蛋，薄壳结构荷载均匀地分散在整个壳体，结构用料少、跨度大、坚固耐用。许多世界著名建筑都采用了薄壳结构，众所周知的人民大会堂，偌大的空间里没有一根柱子作为支撑，充分发挥了薄壳结构的优势；悉尼歌剧院的帆状壳片、中国国家大剧院的穹顶都采用了薄壳结构。除上述结构外，还有些生物结构被建筑物采用，如北京奥运会游泳场馆水立方，内部采用钢结构骨架，外部用了世界上最大的膜结构（ETFE 材料），水立方的主体结构被称为"多面体异型钢结构"，这在世界上是首创。

（四）建筑功能仿生

建筑功能仿生是学习借鉴自然界生物所具有的生命结构、生命活动以及对环境的适应性等方面的优良特性来改善建筑功能设计的方法。建筑功能仿生方法应用实例不胜枚举，如双层幕墙作为建筑物的外表模拟皮肤的"保护、呼吸"等功能；城市中的给排水系统模拟生物体的体液循环系统。受生态系统的启发，设计师根据建筑物所在地的自然生态环境，通过生态学原理、建筑技术手段合理组织建筑物与其他因素之间的关系，使人、建筑与自然生态环境之间形成一个良性循环系统，此即为生态建筑。马来西亚米那亚大厦、大别山庄度假村、德国的“三升房”、奥尔良的“诺亚”等都属于此类建筑。源自植物叶片绕枝干旋转分布的灵感，荷兰鹿特丹的“城市仙人掌”为每位公寓住户提供了悬挑的绿色户外空间，住户可以在享受阳光的同时感受大自然的生机。现在清华大学又提出了第四代住房的设计，第四代住房集以往所有住房的优点于一身，将生活空间、生态植物、生活设施皆融于建筑物中，是真正的空中庭院，这必将是功能仿生史上的一大力作。

三、大跨度建筑

（一）大跨度建筑结构设计特点

所谓大跨度建筑，就是横向跨越 60 米以上空间的各类结构形式的建筑。而大跨度建筑这种结构多用于影剧院、体育馆、博物馆、跨江河大桥、航空候机大厅及生活中其他大型公共建筑，工业建筑中的大跨度厂房、汽车装配车间和大型仓库，等等。大跨度建筑又分为：悬索结构、折板结构、网架结构、充气结构、篷帐张力结构、壳体结构等。

当今大跨度建筑除了用于方便日常生活外，更多作用是作为是一个地方的地标性建筑。这就需要在建筑结构上要能展现本地的特色，但又不能过分追求标新立异。大跨度建筑因为建筑面值过大、耗时较长，除了对结构技术有更高的要求外，也需要设计师对建筑造型的优劣做出准确的定位。大跨度建筑也需要同时兼备多种功能，如 2008 年为北京奥运会的各个场馆的建设，除了需要体现不同的地域特色外，还要考虑到今后的实用性。以五棵松体育馆为例，它在赛后的实用性就大大的高于其他各馆。

（二）大跨度仿生建筑结构案例分析

在了解了大跨度建筑结构的设计特点外，我们用实际例子来具体分析一下。萨里宁（Eero Saarinen）于 1958 年所做的美国耶鲁大学冰球馆形如海龟；1961 年设计的纽约环球航空公司航站楼状如展翅高飞的大鸟，让旅客在楼内仿佛能够感受到翱翔的快乐。这些都是举世瞩目的例子。

在 1964 年丹下健三在东京建造的奥运会游泳馆与球类比赛馆，模仿贝壳形状，利用悬索结构，使它们的功能、结构与外形达到有机契合，令人眼前一亮，继而成为建筑艺术史上不可多得的优秀作品。另一位设计师——赖特，他是一位将自然与生活有机结合的建筑师。1944 年他设计建造的威斯康星州雅可布斯别墅，就是将菌类作为设计灵感，把住宅仿照地面菌菇类植物进行搭建，给人以与自然融合在一起的感觉。此外，又如萨巴在 1975 ~ 1987 年建成的印度德里的母亲庙则是犹如一朵荷花的造型，它借荷花的出淤泥而不染来表达母亲圣洁的形象，因此成为印度标志性的建筑。

在国内，大跨度仿生结构的案例有很多，最具有代表性的要数国家大剧院。国家大剧院外观形似蛋壳，所有的入口都在水下，行人需通过水下通道进入演出大厅，这种设计符合剧院的庄严感同时又兼具了美观与时尚感。除此之外，武汉新能源研究大楼也是大跨度仿生结构的经典案例，它由荷兰荷隆美设计集团公司和上海现代设计集团公司联合设计，该院负责人说："马蹄莲花朵是该楼设计的自然灵感之源。"大楼主塔楼高 128 米，宛如一朵盛开的马蹄莲，它显示着"武汉新能源之花"的美好寓意和秉持绿色发展、可持续发展的理念。

由此可见，我们不难看出结构仿生在大跨度建筑设计中具有优势。国内外无数的成功案例说明，结构仿生模式在大跨度建筑设计中还有很大的发展空间。要充分利用这一优势，将越来越多的结构仿生运用到大跨度建筑当中去，将艺术与生活结合在一起，设计出更多兼具审美与实用兼顾的建筑物。虽然结构仿生建筑设计方面的研究颇多，但是结构仿生建筑设计的系统仍然不够完善。并且生物界与我们的社会还是存在一定的差距，有很多的仿生结构虽然很理想，可是真正利用到人类社会中还是存在诸多不利因素。不过我相信，随着科学与社会的不断进步，人类与自然生物的不断接触和探索，结构仿生在大跨度建筑设计中一定会有更为广阔的发展空间与发展前景。

四、在大跨度的建筑设计中结构仿生的表征

（一）形态设计

结构仿生有着多样性、高效性、创新性等特点，能够满足建筑形态对于设计的要求，是形态进行设计的一个选择。例如在里昂的机场和火车站就属于一个例子，各种建筑构件和生物原型有着一定的相似性，并且通过材料与形态的变化，起到引导人群的作用，把旅行变成了一种令人难忘的体验。

（二）结构设计

因为大跨度的建筑设计，其跨度比较大，空间的形态较为多变，通常需要使用到许多的结构形式，因此，结构设计在大型的公共建筑设计中属于重要的部分，其在很大程度上决定了建筑设计的效果。对于大自然的结构形态进行研究，是满足建筑结构设计的有效途径。将微生物、动植物、人类自身作为原型，能够对于系统结构性质进行分析，借鉴多种不同的材料组合以及截面的变化，使用结构仿生的原理，对于建筑工程结构支撑做仿生方面的设计，能够对于功能、结构、材料进行优化配置，可以有效地提高建筑施工结构的效率，降低工程施工的成本，对于大跨度建筑有着十分重要的作用。

（三）节能设计

结构仿生方法指的是通过模拟不同生物体控制能量输出输入的手段，对于建筑能量状

况进行有效地控制。和生物类似，建筑可以有效适应环境，顺应环境自身的生态系统，起到节能减耗的效果。充分地开发并且利用自身环境中的自然资源，例如风能、地热、太阳能、生物能等，形成有效的自然系统，获得通风、供热、制冷、照明，在最大程度上减少人工的设施，使其具备自我调节、自我诊断、自我保护或维护、自我修复、形状确定、自动开关等功能。和这个类似，建筑也能够有着对生命体的调整、感知、控制的功能，精确适应建筑结构外界环境与内部状态的变化。建筑应该有反馈功能、信息积累功能、信息识别功能、响应性、预见性、自我维修功能、自我诊断功能、自动适应以及自动动态平衡功能等，有效进行自我调节，主动顺应环境的变化，起到节能减耗的效果。

五、结构仿生在大跨度建筑设计中的设计手段

（一）图纸表达

1. 构思草图

建筑师进行建筑设计创作的时候，大多是从草图构思开始，构思草图指的是建筑师受到创作意念的驱动作用，将平日知识和经验积累进行相互的结合，把复杂关系不断抽象化，简约成为有关的建筑知识。草图构思指的是建筑师需要脑眼手相互协作，是建筑师集中体现创新的形式，因为仿生建筑的形体比较灵活，在开始构思草图中起着十分重要的作用。

2. 设计图纸

设计图纸指的是建筑师用来表达设计效果的一个常规工具，但在其中，也存在着一些比较有创意的手法，用来表现有效的设计思想，和以往的表达方法不一样，现代表现方法中使用到的透视图或者轴测图一般是和实体联结方式、大量的空间以及构造、结构、设备的分析图一起使用的。

（二）模型研究

模型设计在方案构思阶段属于不可缺少的一项工具，它自身的直观性、真实性和可体验性能够有效弥补在三维表达上图示语言存在的不足，模型研究对于建筑结构的形态以及各个细部处理有着十分重要的作用，模型能够给人们带来十分直观的体验。从各个视角去感受到设计的空间、设计的体量和设计的形态，能够帮助人们比较全面地进行设计评估，避免设计存在的不确定性，与此同时，模型有着到位的细节设计和准确的形态比例关系，能够方便和客户进行交流沟通工作。

（三）计算机模拟

现今，以计算机作为核心的信息技术在很大程度上增加了建筑师的创造能力，并且推动了计算机的图形学技术发展，人们能够在计算机模拟的虚拟环境内有效地落实头脑中所

呈现的建造活动，这属于虚拟建造，动态的、逼真的模拟真实的情境，是计算机模拟的优势。

在建筑中仿生手段有着比较久的发展历史，但是仿生建筑的概念提出的时间却不长。在建筑仿生学中，结构仿生属于主要的一个研究内容，并且在大跨度的建筑中得到了有效的应用，取得了一定的进展，但与此同时，不可避免产生了一些问题，参考在以往建筑发展中出现的教训经验，相关人员在面临建筑结构仿生的应用时，需要进行理性的准确的评判。只有通过这种方式，才可以使结构仿生更好的被使用在建筑领域中，才能够更好地促进建筑行业的发展。

六、结构仿生方法的应用

现阶段，结构仿生应用主要体现在三个方面，包含了仿生材料的研究、仿生结构的设计以及仿生系统的开发。

（一）仿生材料的研究

仿生材料的研究在结构仿生中属于一个重要的分支，指的是从微观的角度上对于生物材料自身的结构特点、构造存在的关系进行研究，从而研发相似的或者优于生物材料的办法。仿生材料的研究可以给人们提供具有生物材料自身优秀性质的材料。因为在建筑领域，对于材料的强度、密度、刚度等方面有着比较高的要求，而仿生材料满足了这种要求，因此，仿生材料的研究成果在建筑领域也得到了广泛的应用。现今，加气混凝土、泡沫塑料、泡沫混凝土、泡沫玻璃、泡沫橡胶等内部有气泡的呈现蜂窝状的建筑材料已经在建筑领域大量使用，不但使建筑结构变得更加简单美观，还能够起到很好的保温隔热的效果，并且成本比较低，有利于推广应用。

（二）仿生结构的设计

仿生结构的设计指的是将生物和其栖居物作为研究原型，通过对于结构体系进行有效地分析，给设计结构提供一个合理的外形参照。通过分析具体的结构性质，把其应用在建筑施工设计中，可以提出合理并且多样的建筑结构形式。建筑对于结构有着各种不同的要求，例如建筑跨度、建筑强度、建筑形态等。仿生结构自身具有结构受力性能较好、形态多样并且美观等特点，因此，在建筑领域得到了比较广泛的应用。在大跨度的建筑中，使用的网壳结构、拱结构、充气结构、索膜结构等，都属于仿生结构设计的良好示范。

（三）仿生系统开发

仿生系统的开发是把生物系统作为原型，对于原型系统内部不同因素的组合规律进行研究，在理论的帮助下，开发各种不同的人造系统。仿生系统开发重点在如何处理好各个子系统与各个因素间的关系，使其可以并行，并且能够相互促进。建筑属于高度集成的一个系统。伴随建筑行业的不断发展，生态建筑将会不断兴起，在建筑中涵盖的子系统也会越来越多，例如能耗控制系统等，系统的集成度也会越来越高。仿生系统有效良好的整合优势，因此，其在建筑领域的使用前景十分广阔。

七、国外仿生设计的应用

国外建筑设计人员对仿生设计理念的应用时间非常长久，通常情况下，国外都将融入这种理念的建筑称之为有机建筑，其设计的原则也主要是建筑与周围环境的有机结合，这也正是将其称之为有机建筑的重要原因。流水别墅是运用仿生理念的最典型的建筑，设计人员运用仿生理念，将其设计为方山之宅，给人一种大自然自己打造的房屋的感觉，因此其设计方法就是运用楼板与山体自然的结合，在具体施工时根据建筑整体来选择所需要的建筑材料，仿生设计与普通的建筑设计相比，其对建筑设计人员的要求更高，而这种流水别墅的设计则有更加严格的要求，尤其是突出体现出建筑艺术美感，而且要保证这种美感不能脱离实际。从上述中，我们能够明显得知道，流水别墅是一个非常具有超越性的设计，该设计将建筑结构与周围环境之间的融合达到最佳的切合点，从而给人一种自然美与艺术美。居住舒畅、身心放松、浑然天成，这是流水别墅给居住者切实的感受。

目前国家建筑设计人员越来越多应用仿生设计理念，运用原始自然环境中所拥有的物质进行设计，将自然中天然的美感融入建筑设计中，使建筑具有大自然的气息。最为重要的是，国外建筑设计人员之所以大量的使用这种建筑设计理念，主要是因为这种设计理念比较自由，主要是看设计人员对自然的理解，对美的追求，而且设计人员完全可以按照自己的感情来设计，其约束力比较少。比如有些建筑设计人员比较喜欢动物，其设计的建筑往往类似于某种动物，尤其是动物中某些细节部分，比如纹理等。

八、我国建筑结构的仿生设计

我们就以我国园林设计为例，其特点是动静结合、动中有静、静中有动，用色淡雅、朴实，与自然景观相互融合，既不显建筑的单调，又极好地烘托了主题。同时，苏州园林体现了古人对天时、地利、人和的追求。把山、水、树完美地融入他们的生活之中，增加了许多生活情趣。中国古人的园林建筑，讲求一步一景，步步为景，一景多观，百看不厌。因此，中国的苏州园林，讲究心境和自然的统一，互为寄托，即古人所讲的“造境”——有造境，有写境，然二者颇难分别。山川草木，造化自然，此实境也；因心造境，以手运心，此虚境也。虚而为实，是在笔墨有无间，故古人笔墨具此山苍树秀，水活百润，于天地之外，别有一种灵寄。或率意挥洒，亦皆炼金成液，弃滓存精，曲尽蹈虚揖影之妙。

此外，中国的民居建筑和村落也很受国外人士的欢迎。来中国旅游的客人，大都选择住在四合式的小旅社，而不是高级宾馆。不仅是外国人，中国人也越来越重视人与自然的结合。在已批准实施的《中国 21 世纪议程》中，就将“改善人类居住环境”列入重点内容。

强调“森林资源的培育、保护和管理以及可持续发展”和“生物多样性保护”。可见，在人类意识到其重要性后，仿生建筑的概念将逐步深入人心。用仿生学的原理进行城市规划和设计是中国古代传统地理在城市选址、规划、布局和建设的一大特色。中国古代传统讲求天文、地理和人文的相互结合，故而产生了青龙、朱雀、白虎、玄武之说。古代人根据这些条件，创造了许多优秀的建筑。这些环境设计上精心营造“天人合一”意境，刻意体现园林化情调“天人合一”意境和园林化情调，是徽派古民居环境设计中刻意追求的特色和目标。

除了这些，还有很多这样能体现本国个性的建筑。而这些建筑，均不是凭空产生，而是建筑师们的精心设计。所谓“设计”，是指在建筑物的外形、色彩、材质等方面的改革，使之更能吸引人们的眼球，间接增加它的物质利益。当今建筑，从低空间到高空间，从色彩单一的白墙黑瓦到各种色调的钢筋混凝土，其风格受西方影响越来越显示出现代色彩，国际建筑风格趋于统一，地域特色逐渐变得不明显。为了使本地的建筑有地方特色，成为地方标志性建筑，建筑师们通常仿照一些物品使人们对其印象深刻。虽说现代城市建筑所用建材及造型相差无几，但每个国家都有它独特的建筑风格，即国家个性。只有反映国家个性的建筑才能流传至今，为后人树立典范。

九、仿生建筑的发展展望

仿生方法在当代建筑结构设计中的应用日趋成熟，在仿生理念的影响下，各类仿生建筑不断涌现。大数据时代，能够对海量数据进行存储和分析，许多信息实现共享，更多的自然生物数据可以为建筑结构设计所用。例如，可以提取人体皮肤特性数据，开发像皮肤一样能感知温度变化、保温、透气，能随着外界气候条件的变化自我调节的智能化建筑材料。在进行房屋结构设计时，提取医学数据中人体受外力时神经系统、肌肉系统为保持稳定做出反应和发出指令的相关数据，用于研究建筑物的应激反应系统，该系统应包括感应模块、分析模块和防御模块。建筑物受到外部作用时，感应模块将收集到的数据传送给分析模块分析提炼后，向防御模块发出指令，启动防御模块抵御外部作用，保证建筑物自身的稳定性。建筑物的应激反应系统将是综合运用外观仿生、材料仿生和结构仿生的基础上进行的强大功能仿生。我们有理由相信，在大数据环境下，未来的建筑将会成为能呼吸、能生长、能进行新陈代谢、具有应激性的“生物体”。

第六节　生态能源利用和材料仿生设计

一、能源利用仿生设计

植物的光合作用是最显著的太阳能运用范例，产生植物所需的营养成分，吸收 CO_2、释放 O_2，优化了环境质量。太阳能是地球生物生存能量的最重要来源，这一能量储量充沛，绿色环保，太阳能在建筑上的利用是可持续发展研究的重要篇章。除了直接利用太阳能外，风能、潮汐能均是太阳能的不同表现形式和转化，也应当扩大研究范围加以运用。

（一）直接利用太阳能

植物对太阳能的高效吸收体现了它是一种利用太阳能的优势结构，植物茎干与叶冠部分结合形成哑铃形态，利用最小的占地面积获得了适度体积的地上部分，得到大面积阳光。我们可以模仿植物这种结构特征进行建筑构思和设计。采用哑铃结构，建筑占地少，获得大面积有阳光的屋顶，可供太阳能电池搜集转化为其他能量形式，这一形式适用于低层建筑。夹竹桃的“叶镶嵌”生长形态则提供了高层太阳能建筑的参考方式。所谓“叶镶嵌”指的是夹竹桃同一枝干上的叶片互相错位生长，彼此不互相遮盖，使得所有的地上部分都能接受阳光。“叶镶嵌”式建筑就是模拟这一形态的建筑思维，太阳光可穿过上层居住体之间的空隙照射下层居住体的地面，使各户的太阳能家庭发电成为可能，与低层的太阳能建筑相比，这种形式具有更高的太阳能利用率和土地利用率。

（二）间接利用太阳能

动物没有植物的光合作用作为直接利用太阳能的方式，却通过筑巢等特有的方式间接利用太阳能，这又可称为被动式太阳能利用，白蚁巢就是很典型的例子。澳大利亚和非洲白蚁建造了一米多高的蚁巢而成为最大的非人工构筑物，蚁巢具有坚固厚重的外墙抵御外部潮气和热空气侵袭，且还具有冷却系统，管道遍布整个蚁巢，蚁巢墙遍布通气小孔与外界进行热交换，白蚁实际上居住在蚁巢的底部，此处离地表有一定深度，有较为稳定的温度。上方高耸的蚁巢塔是实现被动式通风降温的主要部分，称之为驱走热气的“肺”，其中有很多竖向的通风道。在白蚁窝的中央有空气流动管道。“肺”的作用除了维持一定的空气进出口高差外，还可以产生热压作用，实现巢内外空气的交换。在炎热的气候条件下，外面的空气由于受“肺”的抽吸作用，从地表通道口进入，经地层冷却后进入白蚁居住处，带走蚁巢内的热量和废气，然后从“肺”的顶部排出。另外，地下室的地方始终储有冷空气，其下有供白蚁饮用和用于降温的地下水。澳大利亚白蚁巢“肺”的主要立面朝东西向，无论是上午还是下午都能受到太阳辐射的加热作用，从而使“肺”部维持较高温度，加大进出风口温差。白蚁常在晚上外出觅食，非常干热时会挖井 30 ~ 40 m 寻找水源。除了生存饮用外，井水为蚁巢的空气起到冷却作用。正是有这样一套运行良好的被动式系统，才使多达 300 万的白蚁共居一巢。

由伦敦 Short & Associates 设计的马耳他啤酒厂是一个模仿非洲白蚁巢间接利用太阳能的实例。当地八月气温高达 38℃ ~ 40℃，啤酒厂需要 24 小时空调系统的运作，全人工采光防止室外热空气通过洞口传热，降低室温以满足啤酒 7℃发酵的要求，但因为酒厂冷却系统开启的巨大能耗而导致整座城市的灯光非常黯淡。设计师通过设置双层墙解决这个矛盾，利用内外墙之间夹层空隙来调节自然光及气流，并在室内外温差大时形成热压通风，将热气由屋顶排出，外墙和内墙间的空气层形成缓冲区，保持内部空气温度的相对恒定。

美籍华人建筑师尤金·崔综合他多年来对自然界的研究成果提出的终极塔楼的构思也来源于对白蚁巢的模仿。根据他的设想，该塔楼高达 32 km，宽 16 km，喇叭形的建筑造型模仿某种能够根据天气选择朝向的白蚁巢。设计师认为具有张力的喇叭形高层建筑结构最稳定并且最符合空气动力学原理。如同白蚁巢，该高层坐落于一个大湖中，湖水是楼内空气的冷却剂，另一部分湖水用大型的太阳能板进行加热并通过重力让热水自顶楼往下供应。该结构本身就是一个活的有机体，带有风和大气能量转化系统、室外光电覆盖物、室外空气能自由出入的通风窗户。南立面多开口，以引入阳光；北立面少开口，以减弱北风侵袭和阳光辐射；中心核是一个张力 / 压力脊柱式结构，高 32 km，由最轻的合金和不锈钢构成。在脊柱式结构中，有一垂直的火车隧道、设备井和给排水管道。

土拨鼠的地下巢穴通风是另一个被动利用太阳能的例子。巢穴出入口做成火山口状的土堆，遍布于开阔的草原，自然通风就由这些洞口完成。根据帕努里定律，水平移动的流体其压力随速度的减少而降低，草原上的空气运动时，近地面由于摩擦力的存在，风速减小而低于稍高处的空气速度，产生的压力差遇到洞口时将空气压入洞内，再由另一个出入口出来，完成巢穴内的气流交换，即使是 0.46 m/s 的微风也能在 10 分钟内对其地下巢穴完成换气过程。这提供了我们一种思路，地下建筑设置 2 个以上出入口，利用建筑本身的高差产生的风压差实现地下建筑通风，改善目前通风不利、空气不佳的状况。

二、仿生材料在现代园林设计中的应用

生物经过亿万年的进化过程，为了适应环境的变化而不断完善自身的结构组织与机能，从而得到了性能高超、组织结构完善，身体机能良好的保障系统，从而在大自然中生存下来。生活在自然界的人类与其他生物是好朋友，人类看着自然界形形色色的生物具有这样或那样的本领，就开始想象和模仿他们，从而出现了仿生学，进而出现了仿生材料。

人们研究仿生学是为了从生物本身出发，借助由自然界生物引发的灵感进行模仿和创新，以便于自然和谐相处，共同发展。

从自然中寻找仿生材料和设计理念也是现代园林设计中的重点内容，其主要包括两方面的内容：于园林建筑仿生，它是通过研究生物界许许多多生物体的组织结构和性能，并将研究成果用于仿生材料创作，从而解决现代园林设计中仿生材料的问题；于环境的仿生，它是人与自然相联系的场所。

（一）仿生材料的概念

仿生材料是指根据生物本身的组织结构和性能研制的材料。在仿生学上，常常把根据生命系统组织结构和性能而设计制造的人工材料称为仿生材料。

仿生材料学是仿生学的一个分支，它是从微观世界的角度研究生物材料的组织结构和性能关系，从而研究出和原生物材料一样或者超出原生物材料的一门学科，他是众多学科的交叉部分。

仿生设计不但要模仿生物的结构而且要模仿生物的功能，把材料学、生物学、仿生学结合起来，对于促进仿生材料的发展具有重要意义。生物自然进化让生物材料具有最合理的结构，并且具有自我适应的能力。

（二）仿生材料在现代园林设计中的应用

在现代园林设计中，设计者通过对自然界中各种生物的结构、形态、性能等方面的不断研究，让一种新的材料开始出现在当今社会中——仿生材料。

设计师在进行现代园林设计过程中，常常通过一些模仿竹子、石头、木头等仿生材料的应用，不但使得材料所具备的功能性被有效利用，而且使园林风格的整体性与多样性被全面地体现出来。比如，在中国的传统园林中，常常在水泥中加入一些瓷瓦碎石，从而使他们组成不同风格的花纹图案来呼应园林景观，并丰富园林景观的文化内涵，有些动植物的形象被赋予各种寓意：鲤鱼跳龙门象征着仕途通畅；桂花象征和平友好；菊花被人看作坚韧不拔的化身；荷花出淤泥而不染象征了纯洁高尚；竹子以其中空有节的特性常被用来比喻虚心好学和高风亮节的优秀品质；梧桐象征了高洁，亦有高士隐居之意等。近现代随着材料工艺的发展，常会通过对动植物形态的模仿而设计出马赛克等园林装饰。

1. 功能仿生材料

同人体一样，自然界中的生物也需要通过对肌体的调动来完成自身整个系统的新陈代谢工作和各项运动，当生物具有的这种功能被设计师参考应用到仿生设计中时，便创造出功能方面的仿生设计。与其他方面的仿生设计相比，功能仿生属于一种相对来讲比较高级的新型仿生形式，由于该形式涉及的仿生学与设计学方面的内容比较多，所以，设计师在对此项功能进行实际应用时，一定要全面且深刻地了解认识生命的活动原理。

此外，设计师还需要对自然界中各类型的生物作用进行了解，从规律的条件和本质两个方面进行仿生设计，从而使一些复杂的活动过程能够在有限的园林区域内被实现。譬如，对自然界水体进行自我净化的活动过程仿生，从而达到净化园林中的废水，使被破坏的水生系统可以被重建的目的；对自然界中某些由植被形成的群落进行仿生，从而使园林中的生态系统具有快速的自我恢复功能等。

2. 结构仿生材料

结构仿生材料是根据生物肌体的性能，模仿生物体或者其中一部分的材料。设计者从蜂巢上得到启发，根据蜂巢发明了蜂窝泡沫砖，这些蜂窝状材料，不仅隔热保温，而且结构轻质美观，在现代园林建筑设计中已经得到了广泛应用。下雨的时候，荷花的叶子比较干爽，这是由于在荷叶上有一层光滑且柔软的绒毛，它让荷叶虽然经过雨水打击但不会被打湿，与此同时，绒毛上承载着的水滴，可以迅速吸收荷叶上的灰尘颗粒，然后带着灰尘从荷叶上滚落下来，从而荷叶变得非常洁净。此种现象已经被广泛应用到一种带有自我清洁功能的涂料上。

在园林建筑设计中，最常使用的结构仿生是拉模结构，这一结构主要是人类受到了昆虫的翅膀在拉张的过程中产生的力学美的启发而创造出来的。而由德国当代著名景观设计师彼得·拉茨设计的并以其名字命名的花园，更是将仿生结构及空间设计理念注入其中：用“可俯瞰的恐龙”“龙骨”形式作为花园的路，作为设计亮点的恐龙脊骨则是努力做到与真实的恐龙脊骨相像，并且恐龙脊骨内更是挖了圆形凹槽，既增加了空间，又增加了层次，使“龙骨”对于游人来说既可近处赏玩，又可远观其形。

3. 色彩和质感、图案仿生

在园林中对仿木、仿竹、仿石材料的运用，能给人朴实、自然的感觉，可缓解人们因工作而引起的疲劳与压力。

4. 化学成分仿生

园林设计中常用的材料贝壳，抗张强度高，它的成分很简单，分别是石灰石、蛋白质，两者粘结成坚不可摧的整体，不需要高温烧结。

5. 仿生材料在形态方面的应用

在此方面，我国的园林设计师主要从两个方面对形态仿生进行了有效地应用：于抽象式的形态仿生。园林规划设计中的此种仿生设计，是以自然界的生态环境为依据而逐渐地发展和衍生出来的仿生设计；正常情况下，此种仿生设计主要就是通过反应一些简单形体具有的本质特征来表现形态方式。此种仿生技术的应用，可以使园林的设计更加丰富，使得园林的景观更加优美。于具象式的形态仿生。此种仿生设计主要是通过将自然界中各类型生物具有的形态结构、颜色的搭配、以及生长的环境为基础进行设计。此种仿生技术的应用，可以将自然界中具有的和谐美有效地融入当前我国园林的规划设计中。

仿生材料在现代园林设计中的应用处处可见。园林的设计是人们与自然对话和融合的重要纽带，是实现人与自然环境的和谐相处的重要媒介。仿生材料作为园林设计的一种新手段、新方法、新思维在现代园林设计中扮演着越来越重要的作用，设计师通过仿生材料来表达自己对园林设计的理解，为人们解决人与自然和谐共处这一重要话题提供了有价值的思考。

总而言之，在自然界中，生物的种类、造型是多种多样的，颜色也是五彩斑斓的、各种生物结构也是千奇百怪的；大自然中的生物具有的此种特色，使其为负责园林规划设计的设计师们提供了十分丰富的灵感资源。将仿生材料设计技术应用到当前我国园林的规划和设计的工作中，不仅可以使建设完成的园林景观带有极高的亲切感，还能够实现人类与园林建筑同自然环境之间的和谐统一，使园林规划中返璞归真的设计理念可以真正被实现。

三、智能材料及其在绿色建材中的应用

智能材料是具有一定感知和记忆能力的多功能材料，主要就是能够很好进行各种对于环境处理，实现自我诊断和调节作用的复杂生物系统材料，由于智能材料具有传统材料没有的特殊性，所以更加有非常突出的特点和广泛应用，也将是未来建筑行业发展的重要材料。

（一）智能材料的概念的特点

具体地说智能材料具有一定内涵，主要就是感知功能，可以对于外界很多现象进行很敏感度感知能力。比如对于光、电和热的刺激等都有非常敏感的感知能力，另外就是具有一定驱动能力，可以很快速反应外界变化，还可按照设定方式进行很好选择和控制作用，可以非常灵活地对于记忆进行很好记录，最后就是可以对于各种刺激可以进行非常好的完善和恢复工作。对于智能材料来说最重要的指导思想就是多功能和仿生设计方面，智能材料具有一定智能功能，可以对于各种外界刺激和生命特征进行很好传感和反馈作用。比如可以很好传感到外界环境条件的负载和变化，对于各种辐射和外界变化都可以很好感知，可以很好反馈系统中信息所控制的物质问题，对于信息可以进行非常完好的识别能力，还可以根据外界环境将信息进行积累，对于环境变化做出非常好的反应，同时还可以采取各种措施进行分析和诊断。对于故障问题可以及时进行处理，对于失误可以及时进行分析，通过修复能力进行自我繁殖和再生能力，还可以进行很好地调节能力，不断对各种变化进行自身结构调整，使得材料系统可以得到很好优化和做出规范性措施。

（二）智能材料的工作原理

智能材料一般都是由基本材料、敏感材料、驱动材料、其他材料及信息处理器等几个部分进行组成，对于基本材料就是负担承载轻质材料，或者高分子材料和耐腐蚀性材料，就是对于金属材料进行非常好的选择作用。敏感材料就是指的是可以负担传感任务，对于环境变化进行非常敏感感知能力，可以使得材料记忆和变化点到很好适应能力。驱动材料就是指的是在一定条件对材料进行很好控制，主要包含压电材料和光纤材料等很多类型。其他材料主要就是导电材料、磁性材料结合半导体材料等，最后就是对于信息处理器的研究，这是最核心部分，对于传感器信号进行非常完好处理功能。

（三）一般智能材料的主要分类

（1）智能材料可以分为很多类型，一般按照功能可以划分为光导纤维、压电和电流变体等很多种类型。如果按照来源不同，可以分为金属系智能材料、高分子智能材料和无机非金属材料几个类型。根据材料模拟生物行为可以分为以下几个类型，第一就是智能传感材料，主要就是对于各种热、电和磁等信号刺激监测工作，可以感知反馈能力，也是智能材料必需材料，比较典型的就是传感材料、光纤和微电子传感器等。光纤在智能材料结构中是非常常见材料，可以感知到很多物理参数和温度变化等数据。

（2）智能驱动材料，这主要是对于温度和电场变化进行很好形状和位置分析，主要就机械的响应能力，也是最常用的驱动材料，可以很好记忆，对数据进行很好统计。

（3）智能修复材料就是模仿动物进行结构再生和恢复能力，采用黏结材料和材料相互符合方式，对于材料的损坏进行很好的自愈和再生能力，提高材料使用能力。

（4）智能控制材料对于智能传感材料的反馈信息进行很好记忆和存储能力，同时还可以进行智能驱动材料修复。主要就是对于微型计算机智能控制，在控制过程中，可以使用高层控制集成水平，在实际应用中可以进行程序模拟，能够解决好各种复杂问题。

（四）绿色智能建筑材料的种类研究

（1）智能建筑材料分类可以分为很多种，首先智能混凝土，这种材料本身具有一定感应能力，在混凝土复合部分可以使得材料具有一定自感功能，目前可以分为三个类型，聚合物，碳类和金属类，其中常用的就是碳类和金属材料；另外还有就是金属片和金属纤维等。对于碳纤维主要就是水泥复合材料的电阻变化和内部弹性变形问题，要对于电阻率进行很好弹性断裂分析，还可以对于复合材料进行检测和静态控制。在疲劳的情况下可以进行适当降低，也就是对于混凝土进行疲劳监测工作，还可以利用材料对于建筑物内部和周围环境的监控工作。

（2）对于自调节混凝土，人们希望混凝土结构除了可以进行正常负荷外，还可以在受到台风和地震等影响时不断地调整承载能力和缓解震动。对于混凝土惰性进行合理之别，要进行必要复合驱动功能。目前很多大学研究都可以看出混凝土复合电黏性流体研制调节材料都比较多，对于电流变体也是一种通过外界电场作用下进行控制的，弹性进行流体双向变化分析，在受到外界电场作用下，可以组合电场增加完全固化的研究，还可以恢复流体变化状态。

（3）对于智能乳胶漆的耐候和防水灯功能研究，可以根据室内外的紫外线进行墙体变化亮度分析，合理解决好室内光线的问题，对于自我调节能力可以进行很好地特殊性分析研究，结合对于光的折射变化，使得人体的视觉更加复合高分子稳定，使得产品受到不同环境激活，稳定产品的分子整体结构，自动调节好适应能力和状态。

（4）智能玻璃，就是一种具有很好采光、调光和蓄光功能的新兴生态建筑玻璃，可以在太阳能温室效应和节能方面进行很好的空间分类，同时还可以对于大多数的智能光学玻璃进行很好智能应用。这种玻璃主要分类有：光导纤维、荧光聚光玻璃和变色玻璃等分类。这些玻璃如果应用到建筑中就可以起到很大作用，可以很好改善建筑整体采光效果。

（五）智能化绿色建筑应用分析

（1）对于智能建筑材料应用可以从智能建筑皮开始，就是外在应用方面。很多外国建造师对于智能建筑皮的研究，进行很好框架拉伸外包处理，就是把建筑外面可以制作的像一个皮球，这样可以很好节省空间，同时再应用上高科技的照明和新型信息处理方式，就都可以对于建筑从外面开始进行整体的改革。智能建筑皮材料就是利用气凝胶进行绝热处理，就是白天可以吸热，晚上可以进行放热，这种表面皮还可以做到对于太阳能电池的蓄电能力，可以很好收集阳光进行很好供电功能。

（2）另一典型的代表就是对于智能玻璃的使用方面，可以使用智能玻璃对于建筑外墙体进行很好地技术处理，减少光污染现象，大量能源消耗，对于室内卫生质量可以进行很好地处理，主要就是能很好地处理建筑整体通风和空调系统自动控制能力，核心技术就是使用传统的技术方法对于建筑墙体进行新型改造和应用，这样可以很好提高建筑采光。

智能材料实际上就是一种仿真生命系统，就是一种利用对于建筑外部感知度和提供一种针对材料进行自身反馈机制，适应到材料各种性能，可以很好地改善好建筑整体质量，保持建筑原本的美感和高科技感。智能化产品也是现代绿色建筑开发和应用的重要内容，在一定程度建筑会直接影响到生活水平的提高，发展智能化绿色建筑材料可以很好地满足人们对于高品质生活水平追求。

第八章　房建工程施工的实践应用研究

第一节　房建工程中的地质勘察应用

房屋建筑工程的施工一般是在一定地质条件下进行的，在具体施工操作中会受到多种类型地质问题的影响，容易出现一系列施工质量问题。为此，在房屋建筑工程施工建设中需要相关人员加强对施工地质情况的了解，做好施工地质勘探工作，分析各类地质问题可能对整个房建工程造成的影响，并结合实际研究地质勘察技术在房屋建设工程中的应用，旨在能够为房屋建设工作提供重要参考支持。

在建筑行业的不断发展下，人们对房屋建设发展提出了更高的要求，为了能够使房屋建设从规划设计到施工操作的过程符合整个工程施工建设要求，使得工程施工建设场地安排、结构和规模确定等能够和工程地质条件适应，需要相关人员结合实际做好一系列地质勘察工作。工程地质勘察主要是指根据实际地质需求，对施工特点地区范围内岩石、地下水、地层构造、矿产、地貌等情况开展的一系列调查研究工作，并结合调查研究结果来开展一系列工程建设。地质勘察工作的有效开展能够进一步提升整个房屋建筑工程的质量。为此，文章结合实际就房屋建设工程地质勘察问题展开探究。

一、房建工程地质勘察技术应用要点

房建工程地质勘察技术应用涉及到的技术指标包含地形地貌、地质勘察对房屋建筑工程的影响、土质的物理学性质、剖面层地下水及其化学组成、地下动态水参数等。在房建工程施工建设中为了能够更好地获取这些信息，在浅层孔的勘探中，需要相关人员多次收集、整理和分析土样和地下水，具体操作是在将勘探线设定为方格网之后，在坑孔深度超过施工地下活动层之后进行二次勘探。

房建工程地质勘察的主要目的是综合应用坑深、触深、钻探等多种勘察手段和方式来对整个建筑工程施工场地开展调查研究，从而为建筑工程施工设计提供重要材料、设备的支持。

二、影响房建工程地质勘察的因素

①断层因素。影响房建工程的断层因素主要体现在地面的断裂，具体表现在未在断层上的房建工程会被错开。房建工程在出现断层这种地质问题之后往往会对整个房屋建筑工程造成恶劣的影响。②滑坡问题。房屋建筑工程的滑坡问题一般出现在山区地区，滑坡问题的出现对整个山区房建工程产生了十分不利的影响。从一般意义上看，滑坡是由于房建工程下放岩土下滑导致的，在重力的作用下，岩土下滑会使得工程岩土地基出现松动的问题。这种松动的问题一般在山区地势陡峭的地区表现更为明显，对整个工程建设产生了十分严重的影响。③地面坍塌问题。从房建工程实际情况来看，地面坍塌具有突发性强、隐蔽程度高的特点，对整个房建工程施工建设会产生十分不利的影响。

三、工程地质勘察在房建工程中的运用优化

可行性研究阶段地质勘查技术的应用优化。①加强对房建工程地质条件的检查，具体内容包含大断裂具体位置、房建工程的抗震等级等。从大断裂规模能够有效判断出地质活动的规律特点和力学性能，从房建工程的地震等级则是能够对地质勘探的液化、震动塌陷、斜坡坍塌等做出基本判断。②分析不良地质对整个房建工程带来的不良影响。通过分析施工地的地质发育规律来总结规范地质因素对整个房建工程施工所产生的危害，结合实际危害情况采取相应的预防措施。③全面收集各类资料。在将工程地质勘察技术应用到整个房建工程施工之前需要相关人员加强对工程施工图纸、房屋建筑类型、房屋建筑用途、房屋建设设计、房屋建筑结构等多种因素的综合分析。

工程地质初步勘察阶段勘察技术的应用优化。工程地质初步勘察的主要目的是实现对房屋建筑地基稳定做出基本的判断和评价，从而为房屋建筑总体施工提供必要信息，并结合多方面的因素提出相应的不良地质现象综合整治方案。工程地质初步勘察的主要任务是加强对施工场地地质情况的初步了解，加强对工程地下水位和冻结深度的了解，及时发现工程施工场地地下各类不明地质现象、范围等，判定房建工程所在位置的地震等级。工程地质初步勘察具体方法如下所示：①合理选择勘察位置。在工程地质初步勘察操作的时候需要合理选择房建工程地貌单元边界线的垂直位置（地质构造线和地层界限之间的关联）。②合理安排勘察点。对于房建工程施工地质运动变化大的位置需要结合实际情况适当地加大勘察点的密度，如果工程地质表面存在软土，则是需要结合实际情况适当的增加勘察点的位置。③取样和测试操作。房建工程地基平面上均匀地分布地质，对地质的测量数量是地质总体数量的 1/4 ~ 1/2。④地质勘察资料的收集整理。房建工程地质勘察的资料包含带有坐标的地形图、房屋建筑工程物的类型、房建工程的平面设计、房屋建筑工程高度、房屋建筑工程地下管线和管道的安排布置等。

房建工程地质详细勘察阶段技术的优化。房建工程地质详细勘察阶段要重点评价房建

工程的地质工程性质，从地质类型、地质形式、地质处理方式、基坑支护、降水防护等方面提出具体的勘察建议：①明确详细阶段的勘察要求。在房建工程详细勘察阶段需要明确不良地质的类型、成因、影响范围，并结合实际制定出适合的整治策略。同时，在房建工程施工建设中需要对各类地质类型、分布、工程性质等做出科学的评价，加强对地下水埋藏情况的了解。②科学安排房建工程勘探点的范围。同样一个房建工程，在下卧层和受力层的不同影响下所需要设置的勘察点是不同的，为此，在房建工程勘察过程中需要相关人员结合实际情况加大勘察点的密度，了解每一个勘察点的变化原因。③加强对勘探孔深的把控。在一般情况下，孔深会控制工程地基的主要受力层。为此，在房建工程施工中需要相关人员通过变形计算分析来了解地基的深度，结合地基变形情况来控制孔深。④取样和测试。取样的数据信息一半来自于地层结构，结合房建工程地基均匀性设计要求确保每个土层至少安排六个原状土样。房建工程的取样和测试操作要始终在受力层的范围内，在这个过程中如果基层厚度超过 0.5 m，则是需要相关人员结合实际情况开展原位测试，而在土层不均匀的情况下则是可以根据实际情况来适当的增加取样和测试的数量。⑤房建工程资料的收集。在房建工程施工建设的过程中需要相关人员加强对大比例尺坐标地形图信息的收集，在全面把握工程地基形式、尺寸大小、埋深等数据信息的情况下来进行工程施工。

综上所述，在社会经济的不断发下，房建工程地质勘察工作的重要性日益凸显出来，地质勘察工作的有效开展能够提升房建工程施工质量，为房建工程提供重要参考支持。从整个房建工程实际情况来看，断层、地面坍塌、滑坡、泥石流、砂土液化等地质灾害问题深刻影响整个房建工程的施工质量。因此，在新的历史时期，为了能够提升整个房建工程施工质量，需要相关人员结合房屋建筑物的特点，从房建工程可行性研究设计、初步勘察设计、详细勘察设计等方面思考怎样更好地将地质勘查技术应用到房建工程中，以期能够为整个房屋建筑工程施工提供重要参考支持，有效提升房建工程施工质量。

第二节　房建工程中绿色施工的运用

当前，我国的经济发展与环境问题之间的关系越来越紧张，在这样的情况下，能够满足双方需求的绿色施工技术应运而生，不仅满足了人们对房屋建设的要求，同时也以绿色环保的理念为经济发展下的环境保护提供了新的思路，是值得广泛应用的。本节通过对我国建筑工程绿色施工技术在房建工程运用中出现的问题进行分析并有针对性地提出相应的解决策略，以期能够为行业相关人士的研究提供一定的理论参考依据。

近年来我国的经济发展速度得到了大幅度提升，同时环境问题也成为人们不可忽视的大问题。随着我国各项环境保护政策的出台，我国各行各业也将行业绿色化的目标提上了日程，从节能灯到节能汽车，绿色环保意识似乎成为了各行各业的行为基准，尤其是需要大量材料的建筑行业也在有意地发展绿色施工技术。另外，由于建筑行业的房建工程与我们的生活息息相关，尤其选材用料更是关系到房屋购买者的健康。在我国大趋势的影响下，我国房建工程应该秉持绿色环保的目的，将绿色施工技术合理的运用到房建工程中去。

一、建筑工程绿色施工技术的特点

作为当前房建工程中最新潮的理念，房建工程绿色施工彻底贯彻了我国可持续发展政策。在这一技术理念中，将保护环境放在首位，在此基础上更加高效地利用资源。所谓绿色施工指的是在不降低工程整体质量的情况下，尽可能地减少施工过程中所产生的污染环境的情况，将节能、降耗以及增效贯彻落实在施工的每一道工序中。众所周知，绿色施工是由传统施工技术衍生出来的一种涉及当前生态环境保护治理的施工技术，其中主要是通过房建工程施工过程中，采用相对合理的管理制度，严格遵守相关清洁生产原则，从提升资源利用率，减少废物排放量，使用绿色材料等方面科学提升房建工程绿色施工技术水平，从而使我国建筑行业与绿色施工得到进一步地发展。

二、房建工程施工过程中绿色施工技术所面临的问题

建设发展与保护环境相制约。发展经济是我国一直以来坚持的基本国策，而早期过度发展经济的弊端在这些年逐渐显露出来，被人们忽略了许多年的环境问题却成了目前急需解决的难题之一。我国经济发展目前在世界上位居前列，但是环境保护事业确实刚刚起步，需要加大力度去扶持保护。这样的差距使得我国的环境保护事业与经济发展事业严重脱节，许多的行业发展水平高，立刻投入环保事业会对经济发展产生不小的影响，尤其是施工技术，不能一蹴而就，这也成了绿色施工技术的瓶颈。所幸我国在国内出现生态环境恶化，出现影响人民生产活动的现象之后出台了一系列支持绿色环保事业的政策，坚决抵制一切以牺牲环境为代价的发展，扶持新兴的环保产业，努力调整发展轨迹，使环境保护工作逐步跟上工程建设发展速度。

绿色施工技术的普及度较低。绿色施工是我国最新提倡的施工技术，还未曾在国内普及，并且由于绿色施工技术的起步较晚，导致目前的绿色施工过程中仍然存在着许多需要解决的问题。主要问题还是我国的环保事业发展不到位，未能和施工技术完美地结合在一起。另外，由于绿色施工技术受地区发展的限制，所以在东部沿海地区的普及较为广泛，而其他经济欠发达地区实施绿色施工技术的观念比较薄弱，施工技术也还有待于提升。

绿色施工技术的要求较高。绿色施工技术是将传统的施工技术与环保相结合的技术，对于建筑工程当中施工技术人员的职业技术、专业素养和环保意识要求都很高。但由于层次不够的单位无法将绿色施工技术应用到房建工程中来，国内经济事业与绿色事业的发展也还不足，该类人才有限，相应的能够满足此类施工条件的单位也在少数。

传统发展观念的限制。之前的房建工程对于施工单位的施工技术要求和单位整体能力要求不高，更是没有什么限制，只要能够建造出合格的建筑物，报价合理就可以聘用。这导致了现今大部分施工单位并未考虑提升自身实力，墨守成规，依旧按照原来的施工技术方法进行工程施工，对于环境保护工作置若罔闻，片面强调经济利益。

绿色施工的施工成本问题。房地产是公认的暴利行业，那是由于过去的房建工程成本低，现今新兴的绿色施工技术其成本较高。绿色施工技术运用得当的情况下，不仅能够节约资源、降低能耗，还能节省一部分的工程成本。不过在大部分开发商眼中，实施绿色施工需要聘用高技术人才，使用更高价的节能材料，会大大提高企业的施工成本，降低企业经济效益，因此对其是持抵触态度的。

三、房建绿色施工技术的具体应用

房建工程的绿色施工管理角度分析。虽然房建工程绿色施工技术已经逐步普及到我国的各地，但是实际上并未得到全面的实施，也没有融入各个地市的建筑施工单位。因此，将绿色施工的理念传达到每一个施工单位是目前建筑工程管理机构工作的重中之重。为了确保绿色施工技术能够在施工单位中顺利、有序地进行，施工单位必须在施工过程中进行科学、规范化地管理，转变管理方式，提升管理水平。具体来说，主要体现为下面几个方面：一是建立健全绿色管理体系，重新制定绿色施工过程中需要遵循的一系列原则；二是权责分明，将工作分配到人，权责的分配也落实到人，避免出现推诿责任的情况；三是要对绿色工程过程的全程进行把握，动态管理，保证各个环节都严格遵循所制定的规则。

绿色施工技术中的资源节约角度分析。在房建工程施工过程中，势必会产生大量的原材料消耗，因此，我们必须在施工过程中寻找适当的措施来降低能源及材料的消耗，以此达到降低工程成本的要求。在具体施工过程中，主要体现在下面几个方面：第一，提高能源与材料的利用率，降低工程材料报废率；第二，加大建筑施工区域用水的分类排放与循环利用以及垃圾的分类与回收；第三，建筑施工区域的用电也要做好相应的管理工作，使用国家认可的节能设备，降低能源消耗。

房建绿色施工技术中的环保理念。在日常的生产生活中，房建工程的施工会给周边环境带来巨大的影响，例如水质污染、施工噪音、空气污染等。绿色施工技术要求我们在施工过程中尽量减少类似的污染源，保护生态环境，减少对居民生活的干扰。以水污染的相关管理工作为例，施工单位可以在条件允许的情况下在施工区域安装污水处理系统，处理建筑污水，尽量保证区域内不出现水污染的问题。

随着我国经济的飞速增长，人们的生活越来越精致，对于生活品质的要求也越来越高，尤其是对于与人民生活息息相关的房建工程方面，人们的要求更是在一步步提高。现今环境问题的解决迫在眉睫，我们不仅要保障房屋质量的过硬，更要顺应时代发展，将绿色施工技术融入到当前的房屋建筑中去，以此降低工程施工对环境的污染并有效地节约建设资源。而建筑单位想要实现上述目标，就应该引用先进的绿色施工技术，贯彻落实可持续发展的科学发展观，将环保理念贯彻施工的全过程中，并帮助施工人员树立环保意识，引进高技术人才，提高施工单位整体实力，将绿色施工技术的优势充分地发挥出来，在满足当前社会对房屋建筑要求的同时造福后代。

第三节　房建工程中注浆技术的应用

注浆技术作为一门新兴的施工技术，在房建施工中得到了广泛的应用。通过注浆技术的使用，能够提高房屋建筑的施工质量，保障人们正常生活对房屋建筑质量的需求，对房建工程的建筑发展具有重要的作用。本节主要分析了注浆技术在施工中的材料选择及其优点，探讨了在房建施工中注浆技术的应用。

在房建工程中，常常会因为楼房结构中的各种病害而导致房屋建筑的质量问题，例如地下室、梁柱、墙体等出现裂缝，或是房屋门窗、墙体面出现渗漏现象等，这些病害不仅对人们的正常生活有严重的影响，而且改变了房建施工中建筑结构的设计功能，造成极大浪费，对人们的生命财产安全带来了不利的影响。因此，在房建施工过程中，通常会采用注浆技术，解决房建施工中存在的问题。

一、注浆材料的选择

普通的注浆浆液材料。普通灌浆材料是最常用的水泥灌浆材料。浆液性来源比较广泛、施工工艺简单，但稳定性差，容易沉淀析水，地下水流速比较大的条件下，水泥浆易受水侵蚀和稀释。为了改善水泥浆的稳定性，通常是水泥浆添加 0.2%-5% 的膨润土和相应的外加剂。其缺点是耐腐蚀性和耐水分散性较差，膨润土用量的增加，显著减少泥浆固结体早期强度，甚至几天不能凝固，泥浆泵形成后容易受到地下水的侵蚀，降低了注浆的效果。

化学注浆浆液材料。第一种是水玻璃化学灌浆材料。水玻璃灌浆材料主要采用硅酸钠和固化剂，使其产生化学反应，生成大量的硅凝胶凝结硬化，具有可调设置时间、强度可以控制及其他优点；但其固结体抗压强度低，耐用性属性和水耐蚀性很差。第二个是有机高分子化学灌浆材料。包括丙烯酰胺灌浆材料，环氧树脂砂浆材料和聚氨酯灌浆材料等。一般当砂粒径 0.5 毫米或更少或岩石断裂开 0.2 毫米或更少，地下水流量大于 500 毫米 / 分钟，有机高分子化学灌浆材料可以解决常见的泥浆但不能解决工程问题。这种材料具有低黏度、渗透能力强大，可以注入小孔隙、裂缝或整合的土壤或岩石性能好，凝结强度和凝结时间的优势良好的可控性，其缺点是结体力较低、耐久性较差，地下水污染周边环境，并且由于复杂的化学灌浆材料价格较高，使得其发展受到了限制。第三种是复合化学灌浆材料。近年来出现的水泥 - 水玻璃双液灌浆材料不仅具有所有水泥砂浆的优点，并且有水玻璃浆的特点，凝固时间的范围可以从几秒到几分钟来调整，石体抗压强度高，结石后冷凝率可以达到 100%。水泥 - 水玻璃双液灌浆材料要消耗大量的水泥和绿色材料，不符合可持续发展的时代要求，并且这种灌浆材料的最终固结强度低、耐用性能较差，这些都影响了水泥 - 水玻璃双液灌浆材料的研究和应用。

绿色注浆浆液材料。研究发现，工业废渣可以采用碱激发，比普通水泥颗粒、小固体颗粒的粒度分布更合理，因此可以用作双液灌浆材料。使用硅酸钠刺激工业废物如粉煤灰、矿渣、钢渣和灌浆材料，不仅有利于大量的工业废渣浪费，减少环境污染，还可以降低灌浆材料成本，并有良好的综合性能，为节能环保高性能注浆材料和注浆材料的实现提供了一个选择。

二、注浆技术的优势分析

近年来，注浆技术在房屋建筑工程中广泛应用，并以其独特的优势与应用效果，在工程病害处理方面发挥重要作用，具有其他方法无可比拟的各种优势。

（1）工艺简单，可操作性强。注浆技术可以适应各种复杂的施工环境，且设备轻巧，便于工作的开展。注浆操作方法较为简单、快捷，尤其适用于施工环境恶劣、无法正常施工或者不便于拆除变动的部位，更具优势。

（2）在应用注浆施工过程中，影响范围相对较小，处理扩散的范围则比较大，具有良好的效果。

（3）防水效果良好。注浆技术就是把浆液注入混凝土的内缝中，将其填充密实。在防水方面，注浆技术显然比过去的穿衣性防水效果更好，可较好地保护混凝土。

（4）混凝土的注浆补强材料中，具有良好的力学性能与精结性能，且材料绿色无污染。一般情况下，黏结强度将大于混凝土自身的拉应力与剪应力，具有环保、无污染的效果，在房屋工程施工中应推广使用。

（5）通过应用注浆法，可有效提高混凝土的固结性，延长使用寿命。注浆技术可在产生老化、蜂窝、蚀变形等混凝土中应用，提高强度，延长使用寿命。

三、注浆技术在房建工程中的运用

房建工程中产生病害房的因素很多，在查询原因时应从设计→施工→管理→选材→使用的整个流程中分析。特别目前房建设计理念、施工技术的飞跃发展，新材料的不断涌现，如何正确认识和运用这些新技术、新材料是控制和减少病害的重要措施。

结构受力部位。结构部分的住房建设项目，是最容易产生问题的位置，所以需要加强注意。浆灌浆过程才刚刚开始的焊缝表面收缩效应，而不是全部黏结、灌浆应被视为失去效果。因此应该多次对同一个孔进行灌溉，直到在设定的压力下孔灌浆，并能够达到一定注入量为准。灌浆压力应控制在 0.5 ~ 0.8 Mpa，严格防范扩缝劈裂这种由于防高压对砼造成带来新的破坏。

砖墙体及窗、门注浆处理。在窗的框周布孔采用注浆的办法是，侧重于灌浆底部的框，以水泥浆材料为主。结束水泥灌浆之后，要对环氧再进行封闭处理，它的作用是控制生产的干燥收缩水泥灌浆。墙渗漏应该根除室内渗漏的批判层，找出渗漏的面，使用墙面布孔注浆。灌浆材料水泥砂浆改善空心砖的密实度，增强阻挡外墙雨水渗透的能力，可以获得理想的效果。灌浆压力是 0.1 ~ 0.3 Mpa 最为适中，过高的压力非常容易使外墙面砖剥落。

用砖墙砌厨、卫间的注浆处理。房屋内用水比较集中的地方是卫生间和厨房，对其一般会采用两种不同的方式进行内防水处理。一般情况下卫生间和厨房的用水沿砖和砖缝灰砂的毛细作用渗透至墙面发潮、冒汗主要是由于防水层失效的结果，还可能在使用的过程中通常出现渗漏的情况。控制水沿毛细孔扩散的一般处理的方法是通过环氧注浆切断渗水通道即沿砖缝布孔，孔距在 20 ~ 30 厘米为宜，在砼地板与砖墙的砖缝开一个小槽。埋管注入环氧浆并采用环氧砂浆嵌槽，重复注浆至充填饱满。条件限制可在厨、卫间施工，就是在瓷片的连接位上埋管、钻孔、注浆后，省去涂防水胶、铲除批荡层、重新批荡的工序，节省费用，缩短工时，效果明显，也可以采用同色水泥进行孔位表面修饰。

注浆技术作为一种新型的加固技术，在当前的房建施工中得到了广泛地应用。由于房屋建筑工程存在的病害及其产生的影响因素很多，而房建工程的施工质量会影响房屋建筑工程的正常使用，直接关系着人民的生命财产安全。因此，应当加强对注浆技术的研究和应用，并且要不断地研究采用新的加固技术来解决房建施工中存在的这些问题，从而提高房建工程的施工质量，保障人民的生命财产安全。

第四节 工程造价在房建设计的应用

随着我国社会经济的发展，房地产建筑也得到了不断地提升，在建筑行业中的竞争也逐渐地激烈，在房建工程造价中对成本进行控制可以有效地提升企业的经济效益，同时也增加了企业在市场竞争中的主要手段。本节就从房建造价成本现状出发，对房建过程中造价成本控制的各个阶段进行分析，同时对房建造价成本控制的有效方法进行探讨，这样可以有效地降低房建造价的成本，更好地提高企业自身社会效益及经济效益。

随着我国正在不断发展的房建事业，同时房建事业也出现竞争的激烈。有效的能够增强施工企业竞争力的途径就是合理控制房建造价成本，得到经济效益。在较多的企业中都会直接出现工程施工严重浪费的现象，一方面是因为他们仅仅是着力于控制房建的成本造价，但是对控制成本的重视度不够，没有有效的办法；另一方面，也是因为对于建造一个完善的成本控制体系认识不深刻。这样就会在房建施工成本上增加压力，使企业利润减少，在同类型企业中竞争力缩水，大大的有损企业扩大。所以，本节就针对房建过程中有效计划房建工程中的成本价格，力保在减少资金投入的前提下顺利完成工程。

一、如何在房建工程前期设计投资阶段控制施工成本

三超问题是始终存在房建工程项目当中的，必须在前期的投资阶段就要做好控制工程成本以确保批准设计后的项目能够预算超标。第一，对建筑工程项目要有准确细致的研究，按照制定好的施工计划及目的借助投资造价成本管理进行对应的估算。在对房建工程进行设计的阶段，必须要遵循价值工程的原理。为了能够以最低的成本达到满足使用者最高标准，建筑方在进行工程设计中必须站在使用者的角度去了解工程的功能要求，再把成本和工程应有功能进行结合。有了遵循价值工程原理，企业还要在后期用图纸会审制度对工程项目进行严格把控。这一过程需要专业技术人员来在会审中对工程图纸的设计进行相应的评估。同时要在实际的施工过程中进行勘察，如果在施工中发现图纸出现遗漏，就要对图纸进行修正，保证在施工之前完善施工图纸。同时，在对图纸进行设计的时候，为了使设计的工程在合理的投资范围内，要将投资目的与房建工程投资计划有一个对比。

二、房建工程施工过程中应用控制造价成本的措施

施工过程就是通过工程的真正实施将预期设计计划和项目目标变成现实的过程，所以这也是控制整体工程造价成本的主要环节。这一环节主要被分为工程项目被造价工程师进行评估和具体工程施工两个阶段。

造价工程师。房建行业的造价工程师的职责是确保施工企业完成工程的办法与设计方案相符合，因此需要审核施工的方案评估施工组织是否具有设计方案中对应的施工能力。其次，需要制定成本控制的目标，为达到允许投资金额可以实施在不同投资项目的标准，要对计划的资金额度进行详尽的分析，才能够当作施工的最高成本。在制定过程中，考虑到一旦施工中出现不合理的因素会立刻影响到项目实施时投资金额不够，应采取相应措施，所以核对工程合同和价格清单以及账单审查是必须要进行研究的。严格的控制工程的整体，对工程进行中各项资金进行固定及时的检查，就能够避免施工过程中的变更使工程超过既定的控制范围。在对成本进行控制的同时，也会消耗工程项目的资金进而降低了项目的施工效率，直接影响工程索赔，这部分在房建工程施工中经常发生，对项目的整体施工造成影响。因此造价工程师不仅要制定相关成本控制目标，为了维护合作双方的利益，也要按照相关法律法规对合同进行熟悉，对其中款项进行了解分析。

工程的施工阶段。房建工程施工中对于一些不可预知的因素是无法避免的，因此在房建施工过程中会出现一些因素对工程造成影响，改变施工的临时计划是需要的。临时变更工作计划的行为，在房建施工中很可能会导致暂停施工，影响整体工程施工。所以，必须

经过对整体工程进度的评估和各个阶段的分析，慎重决定是否必须对工程进行计划的变更，并且讨论如何将变更的损失降到最低。施工现场的签证管理也应该着手进行及时的优化，这样不仅可以将施工队伍的效率提高，而且可以同期进行签证工作来完成质量检测，避免因为天气、政策原因耽误签证工作增加工程量。

三、房建工程竣工阶段造价成本控制措施

对审计核算工作进行加强。审计核算是竣工阶段对工程造价成本进行控制的主要手段，在施工过程中，成本的控制主要是通过审计核算来确定的，然后根据房建工程的造价控制效果进行相应的分析。可以说审核结算的基础就是工程量的审核，在对房建项目的工程量进行审计核算中应进行详尽细致的审计，因为这会直接影响到房建工程的造价水平和如何进行工程费用的结算。为排除因为计算错误导致已经竣工的工程出现与图纸设计的并不相符的现象，需要对竣工图纸和材料进行审核。另外，按照房建工程最近的发展看来，在施工成本中占有 70% 的是材料费用，因此要对工程材料的使用量和价格差进行审计。所以，对工程记录及房建工程收入费用共的标准进行审核是和工程量的审计核算并重的。在结算时为了把建筑工程材料所消耗的价格控制在一定的合理区间范围中，房建工程整体造价的成本目标控制的实现，必须要对建筑材料审核进行加强。

对施工现场的管理进行加强。项目施工竣工之后，要加强施工过程要求和对施工现场的监督管理。对施工过程中出现的房建问题要进行及时地了解，采用的施工方法要严格的根据设计图纸进行施工，一旦有变更立刻做出相应的调整和工作报告，施工可行性分析，反思是否在施工过程中出现环节遗漏，同时对施工现象深入管理。在管理和审核施工现场的必要时，建议选择二审制度。

综上所述，伴随市场经济的发展，房建工程竞争也逐渐地激烈，企业一定要重视起施工预算控制在降低运营成本和加强建设中所需要的费用预算中起的重要作用。建筑工程作为阶段性投资控制的重要依据在基本建设中的作用很重要。本节大致将房建工程划分成了三个阶段，结合三个不同阶段特点，全面直观地提出相应的措施以控制房建造价成本。

第五节　房建施工中防渗漏施工技术的应用

近年来，随着我国经济发展和城市化进程的加快，建筑工程作为国民经济基础也迎来了繁荣的发展阶段。房建工程的质量与人们的生活密切相关，对人们的生命财产都有重要的影响，因此对房建施工的质量要求越来越高。而渗漏问题一直是建筑施工领域中比较严重的问题，严重影响了房建施工的质量，所以管理和控制房建施工工程的防水防渗技术是

很有必要的。基于此，本节对房建施工中防水防渗施工技术进行了分析。

一、房屋施工中渗漏问题的原因

建筑材料质量不合格。材料是组成建筑的基本元素，材料的质量很大程度上影响到建筑的质量，在实际施工中，建筑材料质量问题常有出现。一些地产商为了降低施工成本，采用一些劣质材料以次充好，将这些材料投入现场施工中，从而为建筑工程的安全埋下了隐患。随着科学技术的发展，建筑材料市场上出现了较多的防水材料，一些施工单位不结合建筑施工的实际情况，盲目采购防水材料用于施工中，对材料的性能没有充分地掌握，最终适得其反，不仅没有起到防水的作用，还增加了建筑的渗漏程度。

施工质量较差导致渗漏。施工质量的好坏对房屋建筑的渗漏起到直接的影响，即使工程施工单位选择优质的施工材料，对工程施工进行科学设计，如果施工质量无法得以保障，仍然会出现渗水问题。确保每一个环节的施工质量都满足工程施工要求，才能够最大限度地提高建筑工程的整体施工质量，避免房屋建筑出现渗漏问题。但是在实际施工过程中，一些施工人员的施工技术不够娴熟，没有按照工程施工标准进行施工，最终导致建筑的防水性难以得到保障。

二、房建施工中防渗漏技术的应用

屋面防水防渗施工技术。建筑气孔管道以及檐沟的地方会经常出现屋面渗漏现象，所以，实际施工过程中，为了保证良好的防渗漏质量，施工人员应该积极分析建筑周围环境，结合施工要求和实际情况选择合适的施工材料以及合理的施工技术。要保证钢筋浇筑施工的规范化，加强温度的控制，防止对屋面造成破坏。另外，屋面的防漏设计是建筑工程中重要的环节，为了有效保证建筑的质量，提高建筑利用率，就要在加强材料检查的基础上保证施工技术的合理性。

外墙防水防渗技术。外墙在具体的使用过程中经常会出现渗水现象，影响到整个建筑的美观程度，同时作为工程中最为主要的部分，还会影响到建筑物的使用年限。此外，由于对外墙的施工操作不规范，和对混凝土的防护不到位的情况，导致外墙出现裂缝问题，因此在进行外墙施工时，应该做好防水防渗工作。目前来看，小砌块技术是做好外墙防水防渗工作的主要措施，也取得了令人满意的效果，但是非常容易裂缝，是由于操作不当造成的问题。为了更好地进行外墙防水渗水的施工，必须严格按照相关规定进行施工，并做好后期的养护工作。

门窗处防水防渗施工技术。门窗是建筑中活动最多的，直接影响了建筑的舒适度以及美观性，所以，积极加强门窗防渗漏技术的应用具有重要意义。工作人员应该从用户角度出发，考虑舒适度和建筑整体的美观性。在进行防水处理时候，要避免搬运门窗过程中不必要的碰撞所造成的质量问题，对严格把控材料的质量，保证施工的合理性。在实际的建筑门窗以后，工作人员应该积极检测施工完成的门窗，积极处理问题，一般如果有漏洞的话，在密封状态下可以感觉到风。另外，工作人员应该采用防水砂浆，处理门窗周围的缝隙，按照 1：2 的比例进行填实，同时，还要有专门人员进行检查，保证施工质量。

厨卫防水防渗技术。厨房和卫生间的建筑情况比较复杂，如果出现漏水问题，就会严重影响人们的日常生活。而厨房和卫生间因为用水频率高的缘故最容易发生渗水现象。厨卫施工中涉及众多管道的铺设，通常因各种管道开裂造成破坏防水层。所以在进行施工的时候就要考虑到渗水问题，做好避免出现渗漏水的准备。通常是厨房及卫生间地面应至少比客厅或卧室地面低 50 mm，在施工过程中地漏口通常稍低于周围地面，对于水的流出比较有利。厨卫是因为对水的使频率比较高，存在很多的水分子，为了减少水的侵蚀，施工过程中应添加防水粉进行抹灰，进一步提高厨卫的防水性能。用细石混凝土浇筑的方式来进行针对烟道的施工，避免外部的水分子进入到混凝土内部导致管道被侵蚀。在安装管道的过程中应该严格按照相关的规定进行，并在安装之后及时做试压工作，尽可能地发现管道所存在的安全隐患，并及时找到合适的处理办法，尽早地解决问题，避免管道在后期使用的过程中出现破损，继而出现渗水现象。

地下室防水防渗的技术。为了达到防水的目的，在施工中应该尽量选择有较强的耐久性、耐水性和耐菌性防水材料，依据平整和坚实的原则，选择对外防水卷材防水基面。要对穿过地下室的有关管道进行预设管套施工，完成这一步后进行混凝土的浇筑工程，针对地下室混凝土结构中的自主防水系统。此外，对于地下室中穿墙管道和穿墙管道之间的距离保证不少于 300 mm，在墙面与有关穿墙管道的接口处，要焊死有关穿墙盒的封口，并且还要将如沥青等材料填充密封在浇筑孔中，要重视密封工作，以防渗漏。

施工期间做好监督和管理。在施工建设进行期间，需要专业人士对容易发生渗水漏水的建筑部位要重点关注，进行监督管理工作。施工之前，要根据施工要求和施工现场实际情况选择合适的材料缤纷进行材料的合理管理，严格监督材料的选择。在施工时，监督施工人员进行规范的施工，避免出现施工疏漏造成的渗漏现象。在施工结束后，要及时复查建筑的防渗水部位，发现可能出现的问题并及时解决，保障工程的质量，才能提升整个施工企业的综合竞争实力，促进建筑业的发展。

第六节　房建工程主体结构检测技术的应用

随着社会的进步、科技的发展，为各行各业提供了很多机遇，其中，建筑行业一跃成为国民经济支柱型产业。近些年来房建工程数量逐渐增多，使得房建工程的质量问题成为企业与国家相关部门关注的问题之一。房建工程主体结构的检测直接影响人们日常生产生活、财产安全、生命安全，对我国社会稳定、国家的建设产生更重要影响。

对于房建工程的主体结构检测，其主要目的就是要全面控制房建工程的质量。另外，房建工程应与经济发展相一致，房建工程施工也能够对应发展，这就导致我国建筑数量不断增加。所以，如何保障房建工程的质量，这就成为全社会关注的焦点。而我作为房建工程的第三方检测人员，必须要履行好自身的职责。下面就建筑主体结构检测的常用方法进行研究，力求为社会大众提供安全的生活空间。

一、房建工程主体结构检测的重要意义

在房建工程质量检测工作内容中，给予了房建工程主体结构检测足够的重视，可以更有效地保证工程的整体质量。近年来建筑行业发展速度较快，对于房建工程质量标准要求也在不断提升。因此需要重视建筑主体结构检测工作，全面提高检测的科学性和客观性，确保建筑主体结构质量的提升，为人们打造精品的房建工程。

在房建工程施工过程中，钢筋、混凝土是最主要、常见的施工材料。由其浇筑而成的梁板柱质量如何，是否符合设计要求，需对其进行检测，确保在房建工程使用性能上达到质量标准要求。在建设工程中主体结构是其重中之重的部分，关系到整个工程的安危。目前，在工程建设中常见的主体结构检测主要有以下几种类型：①相关监督行政部门要求的工程质量检测；②对施工质量有疑虑的，需要进行实体结构检测；③试件、试块及相关材料送检数量不足或不送检的结构构件，需要进行实体结构检测；④主要结构受火灾、化学侵蚀、冻融等灾害影响，需要进行实体结构检测；⑤结构用途变更、改建扩建等，需要进行实体结构检测。

二、房建工程主体结构检测技术的应用

钢结构检测技术。钢结构是除钢筋混凝土之外的第二大结构体系。相比钢筋混凝土结构，钢结构的韧性更好，强度也更高，且材质也比较均匀。为了实现钢结构的质量检测，必须了解钢结构的强度、性能和变形状况。钢结构的分部工程检验项目有：普通土层表明、防火层表明、钢平台、金属板表面。外观质量检验包括：钢结构的焊接、外观尺寸。检测方法有目视观测，简单直观、方便效率。焊接结构的所有可见焊接缝都要进行检测，逐次检测。分为远距离目视检测和直接目视检测。目视检测的项目有焊后清理指令，焊接缺陷检验，几何形状等，如果发现裂纹、夹渣等严重问题，要及时清除并补焊，让表面质量符合标准。焊缝只存的检测，需要按照图样的标注尺寸和技术规范进行检测，包括对接接头、角度焊缝等。施工单位要积极引进国内外先进的检测方法和技术，从而加强检测结果的准确性，切实保障结构的质量安全。

混凝土结构检测技术。混凝土是建筑主体结构施工中比较关键的材料，控制好混凝土的质量是非常关键的。对于混凝土的检测，我们可以从以下几个方面入手。第一方面，对

于混凝土原材料的检测，这是最为原始的检测环节。但是，在本节中，我们不做详细地探讨，因为在我们的实际检验过程中，混凝土原材料在房建工程检测中大都送到检测中心检测，而主体结构检测是到工地现场检测；第二方面，对于工程混凝土塌落度的相关检验，这一过程中，就会涉及构成混凝土的基本原料——水泥和骨料。但是，我们现在都会使用商品混凝土，关于原材料方面的问题，我们不必做太多的研究，这就要求我们重点检测混凝土塌落度，从而实现对混凝土主体结构的控制。当我们对混凝土塌落度进行相关的检测后，如果发现其中具有负面问题，我们需要及时进行问题的解决，防止后期对建筑主体结构产生不必要的危害；第三方面，对于混凝土强度的相关检测，我们都知道，在任何建筑物的施工过程中，我们都需要在施工现场对混凝土强度进行详细的检测，并且还要对混凝土浇筑位置进行试样留置与抽样检测。在这一环节中，检测人员需要严格遵守相关的检测标准和制度，对于检测样品的选取也要严格按照相关的取样标准。现阶段，在我们的实际施工中，对于混凝土的检测，主要有动态检验与静态检验两种操作方式。其中，动态检验方式包括脉动、起振器共振等，这就能够在初步确定混凝土的各种参数，从而整合、分析，最终对混凝土的性能进行明确；静态检验法则相对比较简单，主要包括红外热像法、钻芯法、回弹法等。

砂浆结构检测技术。回弹法、贯入法、超声波法是建筑砌体结构主体质量检测的重要方式。就回弹法而言，检测人员需对其动能施加量进行有效控制，从而在建筑结构表面变形情况把控的基础上，实现主体强度、刚度的有效把控。超声波回弹法应用过程中，其在把控超声波在待测物体传播速度的基础上，对其传统的时间进行有效计算，从而实现砌筑砂浆表面硬度的合理把控，确保建筑主体结构的应用安全与稳定。相对而言，超声波检测方式的干扰因素较少，检测过程较为便捷，故而在砌筑砂浆检测过程中具有较为广泛的应用，对于建筑主体结构质量提升具有重大影响。

楼板结构检测技术。楼板是房建工程中的主要压力承载，也是各个主体结构的连接，与建筑质量是具有紧密联系的。我们在以前的施工中，也看到了比较多的安全事故，这些事故很大一部分是楼板质量不合格。所以，我们在检测过程中，必须要对楼层高度与楼板厚度之间的关系进行明确，防止出现不协调的契合关系。再就是，我们在检测中一定要严格遵守质量标准，可以尝试按照不同房间、不同楼板厚度、不同各层跨板进行随机抽样检测。当发现楼板存在负面问题时，要及时地通知相关人员进行整改。

外观检测技术。外观检测过程中，外观形态与尺寸的把控是其检测质量控制的重点所在。具体而言，在应用过程中，检测人员应注重以下要点把控：①注重建筑主体中轴线标高和截面尺寸的测量，同时做好构建柳角尺寸的规范，确保混凝土构件的尺寸满足设计要求。②进行表面形态的合理把控，一般情况下，裂缝、蜂窝和凹坑等现象是其观测的重点所在，一旦发现这些质量问题，施工单位应进行及时地修补整改，从而在保证建筑结构主体美观的同时，实现其使用功能的有效发挥。

综上所述，建筑主体结构检测是一项系统工程，它涉及诸多的方面，这也就要求我们必须要采取全方位的检测方法。结合工程建筑的实际情况，选取较为合适的工程检测方法，从而能够最大化的促进建筑资源的优化配置。同时，我们在检测过程中可应用的方法也是比较多的，比如砂浆结构检测技术、外观检测技术等，这是提升房建工程的质量和性能的重要途径。

第七节　BIM技术在房建工程施工中的应用

BIM 技术是一种应用于工程设计建造管理的数据化工具，通过数字模型整合项目的各种相关信息，广泛地应用于建筑业中。本节主要介绍 BIM 技术在房建工程施工中的应用，以期推广到相关的房建工程施工中，提高施工企业竞争力，为民众提供安全的居所，为社会和谐稳定提供保证。

房建工程是建筑业的重要组成部分，传统的施工技术和管理方法有着天然的缺陷。BIM 技术近年来在房建工程施工中得到了广泛的应用，可利用三维和四维可视化模型发现施工中存在的差距，采取措施，修正错误，使项目设计施工更精确。

一、BIM 技术的概念以及特点

概念。BIM（Building Information Modeling）技术是建筑信息模型的英文缩写形式，是一种能使抽象物体具体化的计算机辅助工具，主要应用于房屋建筑工程的设计和管理等方面。BIM 技术在实现房建工程施工的高效化、造价成本的精细合理化方面发挥着积极重要的意义。它不仅仅完整地收集各类工程数据参数，而且能够对其进行整合汇总，甚至可以共享信息，并对不同时段的信息可进行调配整理，建立可视化立体模型，为施工人员提供高效科学地施工帮助。

协调性。协调性在建筑行业中起到了举足轻重的作用，不管是招标单位还是建筑施工单位，都在做着相互协调、相互配合的工作。在项目施工管理中一旦出现问题，就必须召集相关人士或者技术员开会研讨，发现导致施工错误的问题所在，并给出合理性的解决方案，再进行统一性的更改变更做出相应的补救措施。但是不是所有的建筑问题都是在发现问题之后才能进行开会统一协调，在设计时一些问题都是由于各个专业团队之间的协调不一致，沟通不到位。在实际现场施工时，就可能需要布置管线道路时正好有梁柱等构件在此处妨碍道路的安排。当然，建筑信息模型（BIM）不仅仅是进行各专业各构件之间的碰撞问题，还可以解决的问题比如：电梯井的布置与其他单位之间的协调，防火区与其他设计布置之间的协调。

优化性。对于一个建筑物来说，在它的初步设计、投标、竞标、建设、后期管理运营的过程就是一个不断优化升级的过程，基于建筑信息模型（BIM）这个平台，可以做出更好的优化升级，但是在建筑信息模型（BIM）的优化升级中有三样条件的制约，即为复杂程度、构建信息和相关的关键时间。

在建模期间，没有非常准确的信息是做不出非常合理的优化结果的，建筑信息模型（BIM）所要提供建立的建筑物需要存在一些实际信息，比如：建筑模型里面包括的数学基本信息，物理基本信息，一些必要的条件规则信息，并且提供了建筑物在建模前后实际存在的信息。

BIM 技术的可出图性。BIM 技术在构建完可视化立体模型后，再对其进行协调沟通、模拟实验以及优化，进而形成不同于以往平面图纸的立体直观图纸，例如结构节点图、房建结构留洞图、管线配合图、整体管线图以及工程问题预测及解决方案等，将工程精细化，使后续房建施工工作更好开展。

二、BIM 技术在房建施工质量管理中的应用

BIM 技术于物料质量管理中的应用。物料是建筑施工的重要材料，其质量和用量是建筑管理的重中之重。无论是运输还是存放都需要严格管理才能保障建筑施工的顺利进行。建筑施工的物料用量较大，很难实现部分原料的追踪管理。传统的无线射频管理技术仅能对部分原料的运输和使用做到跟踪管理。而 BIM 技术具有较大的信息库，能够对所有的物料进行时时跟踪管理，想要了解任何一种原料的型号、数量，或是某一原料的状态和使用信息，都可以在 BIM 系统数据库中随时调出，这也保障了物料运输的安全和及时性。

BIM 技术于技术质量管理中的应用。建筑施工中涉及的施工技术和施工方法较多，对这些繁多的技术和方法进行管理，使其达到科学性、规范性，通过 BIM 技术可以实现。BIM 技术能够对这些技术和方法进行一对一管理，并在质量管理的同时提高技术的施工效率和施工质量。此外，BIM 技术还能够进行特殊物件的预制，使得难度较高的施工技术得到化解，施工水平有所提升。BIM 技术的运用，使得建筑施工质量管理水平全面提升，管理更加规范和科学。

BIM 技术于房建施工质量上的应用。质量管理对于房建工程来说有着举足轻重的作用，它是建筑是否合格的主要标准。国内房建质量问题层出不穷，施工技术方法和物料管理仍有待提升。针对于此，BIM 技术便是一个很好的应用工具，它不但可以录入大量物料信息，减少施工人员寻找等待物料运送的时间，而且可以进行各种物料比较，选出最适当质优的材料。不但如此，BIM 技术信息数字化的功能之于施工效率有着积极意义，施工人员利用 BIM 技术对各种施工技术进行模拟试练，提升全体施工技术标准，在房建施工过程实现对物料、技术、人工三大影响因素的把控，保证房建工程的质量。

BIM 技术于控制房建施工进度上的应用。施工进度的有效控制是房建施工过程的重要条件，建筑工程的从无到有，都跟施工进度有密不可分的联系。但由于传统施工的进度计

划管理大多是人工操作，难免会出现漏洞，而且设计图纸的抽象化、施工计划的局限性以及施工过程的隐患等诸多问题都会影响施工时长。BIM 技术在平面设计图纸的基础上构建 3D 模型，并制作成 4D 图画，使整个施工建筑直观化，若是在施工过程中发现不合理的地方，也能够通过 BIM 技术调整，将建筑损失降到最低。BIM 技术还可以严格把关施工标准，科学分配时间，制定好每个环节的进度计划，从最大程度上控制施工进度。

BIM 技术于计划过程中的应用。施工计划有条不紊的执行过程中需要对各施工部分、原料、工艺、方法、施工预制等进行全面控制和管理，此时利用 BIM 技术就可以对所有的项目内容进行控制和管理，并促进各环节按部就班地进行施工和衔接，使得工程工期有所保障，工程进度不再出现延迟问题。

BIM 在房建工程造价阶段的应用。在建筑施工项目的初级阶段，这个过程在项目造价中起着非常重要的作用，但是造价由不同的专业团队组成，比如：建造结构、暖通、消防等，这些专业团队之间的分部分工是非常明确的。而这种明确也反映了一种问题，每一个专业团队之间缺乏协调，每一个专业团队的设计图纸相对于本领域的设计都是非常合理的，但是各个项目、各个领域的整合到一块就会出现这样那样的不协调问题。建筑信息模型（BIM）可以在前期进行各个专业领域之间的碰撞检查，如在建筑项目实施前都会进行每一个专业领域的图纸会审和设计交底，传统的图纸会审都是在二维的图纸上进行审查，里面的每一个领域（建造结构、暖通、消防等）都是分开隔离的，每一个专业都是关注自己的领域图纸，没有真正意义上的去整合，去协调。

BIM 具有生动立体性、高度集成性、准确无误性、时效性与决策性五大特征，能够在房建工程施工中发挥重要作用。因此。施工人员在工作中应该正确应用 BIM 技术，发挥该技术的价值与优势，促进工程效益和经济效益的有机结合，控制变更与计划节约造价成本，确保企业获取最大利润。BIM 会对未来的建筑业发展起着很大的影响，使各阶段数据无缝对接，实现全过程安全可靠、精准无误的工程造价管理。

第八节　发泡混凝土墙体施工工艺在房建工程的应用

通过应用现代机械物理方法将现浇泡沫混凝土泡沫剂的水溶液制成泡沫，然后把所制得的泡沫与水和水泥进行均匀混合，制得浆料并进行适当的养护的现浇泡沫混凝土新型施工工艺技术，由于在材料内部包含有较多的空间间隙，因此具有隔声、隔热以及保温的显著特点。本墙体的施工工艺将轻钢龙骨隔墙同发泡混凝土的技术有机结合在一起，不仅发挥了发泡混凝土技术的节能功效，又能满足施工墙体的强度要求。

十二五规划期间，建筑行业正得到稳步持续的发展，与此同时，建筑材料的高能耗问题仍急需解决。我国各行业的总能耗中建筑业占有较大的比重，十二五规划中明确提出对行业节能的专项要求，各行各业必须实现减排节能，才能够有效实现真正意义的可持续发展。要想实现减排节能，必须依赖创新的科技，有效发展建筑业中的科技创新能力，从而实现发展方式的有效转变，完成国家对减排节能的要求。

经过广泛的市场调研，我们对建筑业材料的市场进行了有效地实地考察，发现传统的墙体在防火、隔音、隔热等的方面均存在一定的耗材、耗能的现象。发泡混凝土建筑材料不仅具有一定的经济性而且能够满足安全性要求，符合国家对建筑业提倡的节能环保政策要求。

一、发泡混凝土工艺特点

发泡混凝土施工工艺将发泡混凝土巧妙地应用于建筑物墙体的外围维护以及非承重部分，结合轻钢龙骨骨架，将 CCA 板应用到 C 型龙骨立柱的两侧面板，然后在面板和立柱之间的空腔中灌入相应的发泡混凝土浆料，形成浆料填充的实心墙体，同传统墙体相较而言，这种墙体具有易安装、隔声、隔热、抗震、防火、节能、质轻等优点。

较好的隔音效果。发泡混凝土墙体中空隙较多，比传统混凝土墙体拥有更大传播阻力，吸音效果较传统墙体提高 4 ~ 10 倍。优良的防火性能。发泡混凝土墙体中的材料均为非可燃性，其热迁移慢、热传导性较低，因此能够有效保护墙体构件不受火灾的影响，而且在发生火灾较高的温度下不会产生有害气体，不会对人员以及火势造成影响。质地较轻，发泡混凝土墙体的内部存在较多的空隙，并根据具体的墙体强度设计要求有效控制墙体密度，与传统墙体相比，由发泡混凝土构筑的建筑物自身重量大大减轻，有效降低建筑物的构建基础和结构费用。抗渗性能良好，施工方便。发泡混凝土墙体的吸水率较低，建筑物表面不易出现开裂现象，而且施工工艺操作简单，能够实现机械的有效传送，施工灵活方便。

二、施工方案

某工程需要建造 10 栋高层、10 栋多层，工程总建造面积达 15.7 万平方米。建筑地基采用桩基础，等级设计为乙级，建筑设计结构为剪力墙结构形式，设计安全等级要求为二级，地上抗震等级设计为二级，设计建筑安全使用年限为 50 年。

施工工艺。隔墙施工工艺流：场地清理→测放控制线→天地龙骨安装→竖向加强龙骨安装→门洞及窗口龙骨安装→粘贴密封条→板材安装→接缝处理→墙体泡沫混凝土浇筑。场地清理。首先对原来楼体内部遗留的碗扣架管、模块、木方以及钢筋等的杂乱材料清理打扫干净，确保控制线施放的清晰度以及准确性。测放控制线。按照施工图纸的设计尺寸要求，根据建筑轴线控制线和 1 m 线，进行窗口线、门洞以及墙体控制线的测放，用红外线、水平仪以及放线仪弹出墙体的顶部定位线以及墙体的垂直线，在施工安装前进行墙体的正确定位。龙骨安装，对作业区进行障碍物的清除，保证龙骨安装的直线度和平整度。

确定龙骨尺寸，进行准确切割，根据相应的安装线进行准确定位，把龙骨安放至定位线上，用钉定位龙骨。窗口以及门洞的龙骨安装。在进行窗口和门洞尺寸测量时需要将安装侧材的尺寸也预先留出，门洞具体尺寸应比图纸上的尺寸稍大 2.5 mm，以防在门窗的安装过程出现尺寸偏差的现象。进行洞口顶部的龙骨安装时，门窗两边竖向以及头横龙骨应当利用自攻螺丝或者拉铆钉进行固定，具体位置以 0.3 m 处。密封胶条粘贴。密封条是用来密封以及断桥，将龙骨和板材较好的粘贴在一起。密封条的厚度以 6 ~ 7 mm 为宜，宽度为 4 cm 为宜，密封条长度根据实地情况设定。密封条粘贴时应顺龙骨方向从下至上进行粘直、粘牢，其他不是板缝相接的竖向龙骨需要贴双面胶进行粘牢。

三、质量控制要点及注意事项

准确测量。根据具体图纸尺寸标示，准确放好控制线，在进行龙骨安装前必须进行控制线的检测，从而确保测量的准确性。龙骨安装。龙骨安装时必须确保龙骨之间的间隙满足相关规范的具体标准，确保安装的正确性，而且应当防止对墙体造成稳定性的干扰。天地龙骨同主龙骨之间的连接点，必须确保钉的数量订制正确，确保其稳定性。在安装过程中出现的主龙骨垂直度或者天地龙骨的直线度的误差，必须进行及时改正处理。3.3 窗台的施工。窗口的下部墙体也需要进行发泡混凝土材料的填充，窗台的顶端缺少外檐的保护，在雨天雨水容易流进室内，在窗台的顶端进行 5 cm 后的混凝土压顶，窗台下面则进行发泡混凝土的适当填充。同相关作业配合施工。同电、水等的专业进行配合作业时，墙体需要预先留有电箱、插座以及电管的空隙。在两侧模板完成封闭之前，必须对电箱以及电管的预留空隙做好检查，位置是否正确，型号是否得当。电箱需要竖向以及固定龙骨的固定，对相应的电箱位置进行预留板材开洞，洞口的具体尺寸应以实际安装电箱相符，水泥板材和电箱之间的缝隙用发泡胶进行相应的填充。

四、项目的经济效益及社会效益

对项目进行初步预算，若采用传统工艺方法，施工成本应在 1000 万左右，若采用此种施工工艺技术具体的投资金额会减少 300 万左右，大大减少了项目施工的产能投入。发泡混凝土墙不仅能够应用于轻型隔墙上，而且对于室外坡道、管线回填、屋面找坡层、室内地面垫层等的方面同样适用，并且能够带来以下的优点：

应用泡沫材料能够有效代替采暖保温层以及坡层，并且能够满足两种材料的功能要求；现浇泡沫混凝土材料的应用，能够有效代替垫层、地暖以及屋面保温材料，而且能够避免应用水泥材料出现的膨胀问题，具有良好的保温吸水性；现浇泡沫混凝土材料的密度设定一般在 400 ~ 1000 kg/m^3，根据具体的施工要求其密度可以进行适当调整，从而满足各部位的功能要求，但是能够有效减少构筑物的自身重量，从而确保承载的可靠性以及安全性；现浇泡沫混凝土在施工场地占据面积较小，方便于机械的传送运输，施工操作灵活便利，能够满足项目工程工期的具体设定要求。

现浇泡沫混凝土材料比水泥制品具有更高的稳定性，对周围环境不易造成污染。根据具体项目施工要求配置合理的产品代替传统混凝土材料，大大节省矿产资源。采用本施工工艺的经济效益以及社会效益显著，对于节省能耗、推动节能改造等的具体方面具有重要的积极意义，对其他房建的项目施工具有重要的指导意义。经过咨询和实践，此技术可应用在大型公建、民建和其他一些土木工程领域。

第九节　钻孔灌注桩技术在房建工程施工中的应用

房建工程作为我国建筑施工体系的重要组成部分，其建设工程质量与开发能力对于房屋建筑的舒适度与消费者的满意度有着最为直接的影响。基于这种实际，房建工程施工企业不断进行施工技术优化与革新，借助于更为高效、更为便捷的技术手段，有序开展房建工程。文章以钻孔灌注桩技术作为研究核心，从多个维度出发，对钻孔灌注桩的技术特点，应用范围以及施工手段进行全面探讨，以期为后续房建工程施工活动的有效进行创造条件。

随着房建工程规模的扩大以及数量的增加，传统施工技术越来越难以满足实际的开发建设需求，为了稳步增强我国房建工程的开发能力，提升建筑项目的施工质量，施工企业立足于房建工程的实际，持续深入地开展技术创新与优化工作，希望通过全新施工技术在房建工程中的使用，来提升相关建设活动的建设效能。钻孔灌注桩施工技术作为一种高效的施工技术手段，借助于机械钻孔或者钢管挤土等方式，提升房屋建设工程的建设速率，缩短施工周期，在确保房建工程施工质量的同时，减少不必要的成本支出，为施工企业的健康发展营造出良好的氛围。

一、钻孔灌注桩技术特点分析

对钻孔灌注桩技术特点的里清与分析，在很大程度上，帮助施工人员与技术工作者明确房建工程阶段，钻孔灌注桩技术应用的重点环节与核心诉求，从而降低了钻孔灌注桩技术应用难度，确保了相关技术在施工实践中的应用。

钻孔灌注桩技术按照成孔的方式可以划分为沉管灌注桩、钻孔灌注桩以及挖孔灌注桩等几大类，借助于对施工设备的合理化使用，对施工方案的优化调整，使得钻孔灌注桩震动幅度较小、施工噪音较低，满足城市建设过程中噪音需要，满足环境保护工作的客观要求。同时钻孔灌注桩技术具有良好的环境适应能力，因而广泛地应用于不同施工环境下的房建施工活动之中，充分满足了现阶段房建工程施工阶段对于钻孔灌注桩技术的使用要求。

通过对钻机水龙头、护筒、钻杆、钻头、真空泵等设备合理化使用，极大地增强了桩基基础施工的有序性与合理性，同时采取的钻孔灌注桩施工技术能够提升预制桩的直径，符合目前我国经济发展过程中对于高层建筑的建筑需要，降低了桩基施工活动的操作难度。钻孔灌注桩技术在房建工程施工活动中的应用，提升了建筑工程地基的稳定性，在房建工程施工活动中对钻孔灌注桩技术进行合理使用，能够借助于相关技术加快施工进度，控制施工成本，确保施工企业的经济收益。同时钻孔灌注桩技术在房建工程施工项目中的应用，也在很大程度上提升了相关建筑结构的稳定性与整体性，对于建筑物的耐久度与使用寿命都带来了积极影响。

二、房建工程钻孔灌注桩技术应用的基本要求

房建工程钻孔灌注桩技术应用过程中，为了确保钻孔灌注质量，技术人员需要根据房建工程的具体参数要求以及施工实际，对钻孔灌注技术类型、使用设备、人员配置等进行确定，在此基础上，形成较为完整的施工体系。在施工体系完成之后，房建施工企业组织相关技术人员对钻孔灌注桩技术方案进行评估，在评估过程中一旦发现问题，应及时进行修正与完善，修正后开展相关操作。施工之后，在房建工程施工现场形成了一定规模、一定数量的孔径，在完成基础灌注桩施工的基础上，为了确保灌装桩的整体结构强度，需要将提前准备好的钢筋笼放置于孔径之中，在完成钢筋笼放置之后，用高强度的混凝土进行灌注，通过这种施工流程使得房建工程钻孔灌注桩技术帖合实际技术使用需求。在技术应用的过程中，钻孔灌注桩技术应使得地基与房建工程整体结构与结构稳定性保持在同一水平，通过对施工进度、施工周期的有效控制，确保钻孔灌注桩技术在房建活动中的科学高效应用。

三、房建工程钻孔灌注桩技术应用方法

施工准备。对于施工材料应进行合理化选择，例如水泥宜采用 325 号 ~ 425 号普通硅酸盐水泥或矿渣硅酸盐水泥。使用中砂或粗砂，含泥量不大于 5%。石子的粒径为 0.5 ~ 3.2 cm 的卵石或碎石，含泥量不大于 2，水则应用自来水或不含有害物质的洁净水，黏土可就地选择塑性指数 IP ≥ 17 的黏土。在进入到施工现场之前，施工企业要与相关设计单位对房建工程施工图纸进行审核，在审核过程中，明确房建工程施工的重点要求，为后续施工点的准确性、地基成孔的位置进行评估。从整体上，确保钻孔灌注桩技术应用的方向与高效性，为房建施工施工活动的开展创造条件。房建工程在进行钻孔灌注桩技术应用的工程中，要依据 GBJ301-88《建筑工程质量检验评定标准》中的相关技术参数，对钻孔灌注装施工准备活动进行梳理。具体来看，针对不同房建工程设计使用需求，施工单位要组织技术人员对施工区域进行勘察，对施工数据进行必要的收集、分析与评估。在完成上述操作的基础上，对施工区域进行压实处理，确保土层强度满足钻孔灌注技术的应用需求。同时对施工过程中排水口的空间分布位置以及数量进行分析，使得排水口能够在短时间内将

钻孔灌注桩中产生的泥浆快速排出施工区域，减少泥浆排出工作对施工进度的影响。在排水口设置的同时，还需要施工企业组织工作人员对钻孔施工区域进行必要的定位处理，划定施工房建工程钻孔灌注桩施工的有效区域，提升施工活动的有效性。施工企业在施工准备阶段，还需要确定施工设备的类型、使用数量，使得施工设备贴合房建施工活动，发挥施工设备的优势，同时对于使用的水泥、粗细骨料等建筑材料进行质量评估，避免建筑材料不合格对整个钻孔灌注桩技术应用效果产生负面影响。

钢筋笼的制作与施工。钢筋笼作为钻孔灌注桩技术应用环节的重要组成部分，其在钻孔灌注桩技术中的实现，对于提升孔洞结构强度以及稳定性有着深远的影响。为了确保钢筋笼的实用性，技术人员需要对钢筋笼的长度以及搭接方式进行梳理，将焊接误差控制在20 mm 以下。

在完成钢筋笼的沉放工作，同时对障碍物进行清理，确保钻孔灌注桩技术在房建工程施工活动中的科学高效应用。在钢筋笼处理的过程中，要遵循一定的施工手段与处理原则，确保各个施工环节能够满足实际施工技术参数要求，推动钢筋笼施工活动的客观要求。

混凝土灌装技术。钢筋笼完成沉放处理之后，需要进行混凝土地灌注，对于混凝土类型与用量的选择，需要施工企业根据设计要求与 GBJ301-88《建筑工程质量检验评定标准》中相关参数的要求，对混凝土的强度进行控制。在灌注活动开展之前，需要对孔洞内的积水进行清理，避免积水对于混凝土强度产生影响。在实际灌注操作的过程中，可以通过施工导管完成对混凝土的灌注，借助于这种施工模式，可以确保混凝土顺利进入到孔洞内部。为了混凝土灌注施工活动的安全性，施工人员要对孔洞底部与施工导管之间的距离，通常情况下，两者之间的距离应保持在 300 ~ 500 mm，通过这种方式，确保混凝土灌注桩技术在房建施工活动的科学高效应用，以期确保灌注效果。

钻孔灌注桩技术在房建工程施工中的应用，对于提升房建工程施工质量有着极为深远的影响。文章在分析钻孔灌注桩施工技术特点以及具体施工要求的基础上，从多个维度出发，从施工准备、技术应用等多个层面进行灌注桩技术的应用，以期满足现阶段房建工程施工活动的基本要求。

参考文献

[1] 丁梦姣，高琼旻 . 房建工程施工中测量放线技术的应用要点 [J]. 四川水泥，2018（9）：148.

[2] 燕毅峰 . 非同心圆圆形建筑测量放线施工技术 [J]. 住宅与房地产，2018（24）：198.

[3] 李青翠 . 油田长输管道施工中存在的问题与处理措施探析 [J]. 化工管理，2018（11）：252.

[4] 李朝晖 . 测量放线施工中的 RTK 定位技术应用研究 [J]. 中国新技术新产品，2018（6）：123-124.

[5] 魏雪 . 工程测量定位及放线控制要点分析 [J]. 科技经济导刊，2018，26（6）：44.

[6] 张利珍 . 超长弧形幕墙测量放线及安装控制技术 [J]. 山西建筑，2018，44（5）：207-208.

[7] 刘强 . 关于工程测量定位和放线控制的研究 [J]. 工程建设与设计，2018（2）：24-25.

[8] 侯帅波 . 公路工程施工中的测量放线及精度控制分析 [J]. 交通世界，2018（Z1）：38-39.

[9] 林萍 . 房屋建筑测量中的放线施工技术分析 [J]. 四川建材，2017，43（12）：70-71，84.

[10] 陈刚 . 测量放线在工程施工中的重要性 [J]. 城市建设理论研究（电子版），2017（26）：64.

[11] 谭新江 . 对房屋建筑测量中的放线施工技术探究 [J]. 建材与装饰，2017（30）：45-46.

[12] 肖波 . 高层建筑施工测量放线技术的应用要点 [J]. 建筑技术开发，2017，44（6）：38-41.

[13] 白韩飞 . 浅析土建房屋施工测量放线的方法与技巧 [J]. 农村经济与科技，2017，28（4）：69-70.

[14] 宁超 . 土建施工中工程测量放线的经验及技巧分析 [J]. 工程技术研究，2016（7）：82，85.

[15] 马忠志 . 土木工程中砌筑施工工艺及质量通病的预防措施分析 [J]. 住宅与房地产，

2016（21）：169-170.

[16] 任荣妍，张鹏 . 测量放线时常遇问题的几种解决方法探究 [J]. 资源信息与工程，2016，31（2）：134，136.

[17] 李磊 . 钻孔灌注桩技术在房建工程施工中的应用探究 [J]. 门窗，2015（3）：99-99.

[18] 颜昌平 . 钻孔灌注桩施工技术在房屋建筑工程中的应用探讨 [J]. 建材与装饰，2016（5）：90-92.

[19] 何金明，喻红霞 . 钻孔灌注桩施工技术在房屋建筑工程中的应用 [J]. 施工技术，2016（s1）：226-227.

[20] 李云开 . 钻孔灌注桩施工技术在房屋建筑工程中的应用分析 [J]. 建材发展导向: 下，2015，15（5）：202-203.

[21] 刘笑 . 钻孔灌注桩施工技术在房屋建筑工程中的应用 [J]. 山西建筑，2015（28）：66-67.

[22] 董志慧 . 房建工程中混凝土施工监理分析 [J]. 建筑工程技术与设计，2019（16）.

[23] 段争成 . 刍议房屋建筑工程施工阶段监理质量控制 [J]. 砖瓦世界，2019（18）：142.

[24] 赵义伟 . 房建工程中混凝土施工监理分析 [J]. 山西建筑，2019，45（10）：198-199.